JN234097

レクチャー 食品加工学

黒川　浩　編著
和田守博己
筒井知子史
細見和博
藤野憲一
松本裕子
石井　共著
（執筆順）

建帛社
KENPAKUSHA

はじめに

　環境，資源，少子・高齢化——20世紀末，人類は，急速な技術改革の成果を享受する一方で，多くの難問を背負い込んでしまった。新ミレニアムは歴史的な転換点。人類の知恵が試される。

　増大する容器包装食品，輸入食品，遺伝子組み換え食品。安全性とともに，環境や資源問題への関わりも大きい。食の分野も重責を担っての出発となる。

　2000年4月。改正「JAS法」施行，「容器包装リサイクル法」完全施行。しかし，細部の詰めは不確定。これを受けた実際の動向など読めない点も多い。一方では，これらの法改正を先取りした動きも見られる。

　本書を，この混迷の期に敢えて上梓する。

　フライングの懸念がある。冒険である。勇気も要る。前ミレニアムなら様子見が賢明だった。しかし，この'先送り'こそが世紀末の混乱と失策を呼んだ事実を反省すべきと考えた。新ミレニアムのテーゼは'スピード'と'変革'にある。新世紀に向けての挑戦である。

　この時期にも学ぶ学生がいる。彼等は新世紀で主役を演ずる。新しい価値軸を模索する過程を是非とも学んで欲しい。過程を学ぶことが，結果を知ることよりも，はるかに重要なことと考えた。

　『食品加工学』が登場して十余年。食品加工技術の進歩，加工食品の役割はこの間に一変した。従前の『食品加工貯蔵学』は文化遺産でしかないと思われる。新しい時代に相応(ふさわ)しい『食品加工学』が構築できないものかと考えた。

　セメスター制の導入により，多くの大学・短大では講義時間が1期・2単位で開講されている。教員の裁量により，どのようにも展開できるように簡明化をコンセプトとした。但し，話題の新製品まで網羅するべく注力した。表題の通り，徹底してレクチャー用のスタイルにこだわった。

　本書の構成は，総論と各論よりなる。

総論では，まず表示と容器包装のリサイクルについて，次いで加工・保存の理論と実際を解説した。新世紀では自己責任が問われる。読者が新世紀を担う消費者の一人として，加工食品に対する認識と自覚を深め，より正しく選択し利用できるようにと考えた。

　各論では，まず第1章で冷凍食品を始めとする調理加工食品を取り上げた。これらは多様化する食生活を牽引する加工食品。首位の座は当然と考えた。

　次々に開発される新しい製品群を〇〇食品と呼ぶことが多い。既に社会的に認知された重要なものもあるが，これらは従来の分類範囲では整理しきれない。そこで，第10章に「新類型加工食品」としてフォローした。

　どの章から導入しても無理なく展開できるように配慮した。従って，家政系学科の『食品学』の教科書としても活用できるものと確信している。

　意気込みは充分でも浅学非才の身。意を尽くし得なかった点，内容の不備・誤りがあれば，ご叱正とご教示を切にお願いしたい。

　なお，執筆にあたり，多くの文献，資料を参考にさせていただいた。各章末に記して，著者の方々に謝意を表します。

　本書の刊行にあたり，絶大なるご協力を賜った㈱建帛社社長筑紫恒男氏と同社取締役松崎克行氏ならびに編集部の方々に心よりお礼を申し上げます。

　2000年3月　　　　　　　　　　　　　　　　　　　　黒　川　守　浩

〔目　次〕

序　章 ……………………………………………………（黒　川）… *1*
　1．食品特性と食品加工 …………………………………………… *1*
　2．食生活と加工食品 ……………………………………………… *3*

総　論

第1章　加工食品の表示 ……………………………………（黒　川）… *6*
　（1）食品衛生法 …………………………………………………… *6*
　（2）農林物資の規格化及び品質表示の適正化に関する法律 …… *6*
　（3）健康増進法 …………………………………………………… *9*
　（4）不当景品類及び不当表示防止法 …………………………… *9*
　（5）その他 ………………………………………………………… *10*

第2章　容器包装とリサイクル ……………………………（黒　川）… *12*
　（1）包装材料 ……………………………………………………… *12*
　（2）容器包装リサイクル法 ……………………………………… *15*
　（3）リサイクルの方法 …………………………………………… *18*

第3章　食品の加工 …………………………………………（和　田）… *19*
　1．物理的作用による加工法 ……………………………………… *19*
　　（1）選別・洗浄 ………………………………………………… *19*
　　（2）前処理 ……………………………………………………… *19*
　　（3）粉　砕 ……………………………………………………… *19*
　　（4）混合・乳化 ………………………………………………… *19*
　　（5）乾　燥 ……………………………………………………… *20*
　　（6）濃　縮 ……………………………………………………… *20*

（7）蒸　留 …………………………………………………… 20
　　（8）抽　出 …………………………………………………… 21
　　（9）分　離 …………………………………………………… 21
　　(10) その他 …………………………………………………… 21
　2．化学的作用による加工法 ……………………………………… 21
　　（1）溶　解 …………………………………………………… 21
　　（2）ゲル化 …………………………………………………… 22
　　（3）加水分解 ………………………………………………… 22
　　（4）その他 …………………………………………………… 22
　3．生物的作用による加工法 ……………………………………… 22
　　（1）微生物の利用 …………………………………………… 22
　　（2）酵素の利用 ……………………………………………… 24
　　（3）バイオリアクター ……………………………………… 24

第4章　食品の保存 ………………………………（筒　井）… 25
　1．食品の品質劣化 ………………………………………………… 25
　　（1）微生物 …………………………………………………… 25
　　（2）酵　素 …………………………………………………… 30
　　（3）酸　素 …………………………………………………… 30
　　（4）光 ………………………………………………………… 31
　2．食品の保存法 …………………………………………………… 31
　　（1）乾　燥 …………………………………………………… 31
　　（2）塩　蔵 …………………………………………………… 32
　　（3）糖　蔵 …………………………………………………… 33
　　（4）酢　漬 …………………………………………………… 34
　　（5）冷　蔵 …………………………………………………… 34
　　（6）冷　凍 …………………………………………………… 36
　　（7）殺菌，滅菌による方法 ………………………………… 37
　　（8）缶詰・びん詰・レトルト食品 ………………………… 38
　　（9）くん煙 …………………………………………………… 42

(10) ガス調節 ………………………………………………… 43
　　(11) 放射線 …………………………………………………… 44
　　(12) 食品添加物 ……………………………………………… 45
　　(13) 遮　光 …………………………………………………… 45
　　(14) ろ過除菌 ………………………………………………… 46

各　　論

第1章　調理加工品 …………………………………（筒井）…48
　1．冷凍食品 ……………………………………………………48
　　(1) 冷凍食品の分類…49　　(2) 冷凍食品の製造法…49
　　(3) 冷凍食品の品質保持…50　(4) 冷凍食品の解凍法…51
　2．インスタント食品 …………………………………………53
　　(1) 即席めん類の製造法…53
　　(2) インスタントコーヒーの製造法…54
　3．缶詰，びん詰，レトルト食品 ……………………………54
　　(1) 缶詰，びん詰，レトルト食品の種類…54
　　(2) 缶詰の変質…55　(3) レトルト食品の特徴…56
　4．そう菜 ………………………………………………………56
　　(1) そう菜の種類…57　(2) そう菜の保存性…57

第2章　農産加工品 …………………………………（細見）…58
　1．穀類の加工品 ………………………………………………58
　　(1) 米の加工品…58　(2) 小麦の加工品…60
　　(3) その他の穀類の加工品…66
　2．いも類の加工品 ……………………………………………67
　　(1) でんぷん…67　(2) こんにゃく…68
　　(3) その他のいも類の加工品…69
　3．豆類の加工品 ………………………………………………69
　　(1) 大豆の加工品…70　(2) その他の豆類の加工品…73

4．野菜類の加工品 ……………………………………………………… *74*
  (1) 乾燥野菜…*74*   (2) 漬　物…*75*   (3) トマト加工品…*77*
  (4) その他の野菜類の加工品…*78*
5．果実類の加工品 ……………………………………………………… *78*
  (1) ジャム類…*79*   (2) 果実飲料…*81*   (3) 果実缶詰…*83*
  (4) 乾燥果実…*84*   (5) 冷凍果実…*84*   (6) 糖蔵品…*84*
  (7) その他の果実類加工品…*85*
6．きのこ類の加工品 …………………………………………………… *85*

第3章　畜産加工品 ………………………………………………………… *87*

1．肉の加工品 ………………………………………………（藤　野）…*87*
  (1) 原料肉および肉加工の基本工程…*87*   (2) ハ　ム…*89*
  (3) ベーコン…*91*   (4) プレスハム…*92*   (5) ソーセージ…*93*
  (6) 食肉缶詰およびレトルト食品…*96*   (7) 乾燥肉…*97*
2．乳の加工品 ………………………………………………（筒　井）…*97*
  (1) 飲用乳…*97*   (2) クリーム…*99*   (3) アイスクリーム…*100*
  (4) 発酵乳，乳酸菌飲料…*101*   (5) チーズ…*103*
  (6) バター…*106*   (7) 練　乳…*107*   (8) 粉　乳…*108*
3．卵の加工品 ………………………………………………（藤　野）…*109*

第4章　水産加工品 ………………………………………（和　田）…*113*

1．魚介類の加工品 ……………………………………………………… *113*
  (1) 冷凍品…*113*   (2) 乾燥品…*114*   (3) 塩蔵品…*116*
  (4) 練り製品…*118*   (5) 水産缶詰・びん詰…*119*
  (6) くん製品…*120*   (7) 調味加工品…*121*
2．藻類の加工品 ………………………………………………………… *122*

第5章　調味料 ……………………………………………（松　本）…*123*

1．みそ ……………………………………………………………………… *123*
  (1) みその製造…*123*   (2) みその種類…*124*

  (3)　みその風味…*125*

 2．しょう油 …………………………………………………… *126*

  (1)　しょう油の製造…*126*　　(2)　しょう油の種類…*127*

  (3)　しょう油の呈味成分…*129*

 3．食　酢 ……………………………………………………… *129*

  (1)　食酢の製造…*129*　　(2)　食酢の種類…*129*

  (3)　食酢の味…*131*

 4．みりん ……………………………………………………… *131*

 5．ウスターソース …………………………………………… *132*

 6．各種調味料 ………………………………………………… *133*

  (1)　天然調味料…*133*　　(2)　風味調味料…*133*

  (3)　化学調味料…*133*

 7．食　塩 ……………………………………………………… *134*

第6章　香辛料 ……………………………………………（石　井）… *136*

  (1)　単一香辛料…*137*　　(2)　混合香辛料…*137*

第7章　甘味料 ……………………………………………（石　井）… *140*

  (1)　砂　糖…*140*　　(2)　ぶどう糖と異性化糖…*143*

  (3)　その他の甘味料…*143*

第8章　嗜好性食品 ………………………………………（松　本）… *147*

 1．非アルコール性飲料 ……………………………………… *147*

  (1)　茶　類…*147*　　(2)　コーヒー…*151*　　(3)　ココア…*152*

  (4)　清涼飲料…*152*

 2．アルコール性飲料 ………………………………………… *153*

  (1)　醸造酒…*154*　　(2)　蒸留酒…*158*　　(3)　混成酒…*160*

 3．菓子類 ……………………………………………………… *161*

  (1)　和菓子…*161*　　(2)　洋菓子…*162*　　(3)　中華菓子…*163*

第9章　食用油脂 ……………………………………（藤　野）… *164*
1．食用油脂の種類 ……………………………………………… *164*
2．油脂の採油および精製 ……………………………………… *165*
(1) 採　油… *165*　(2) 精　製… *166*
3．主な精製油脂 ………………………………………………… *167*
(1) 豚　脂… *167*　(2) 牛　脂… *167*　(3) サラダ油… *167*
(4) 天ぷら油… *167*
4．加工油脂 ……………………………………………………… *168*
(1) 硬化油… *168*　(2) マーガリン… *168*
(3) ショートニング… *169*　(4) ドレッシング… *170*
(5) その他… *171*

第10章　新類型加工食品 ………………………………………… *172*
1．新技術による加工法・包装形態から ……………（筒　井）… *172*
2．流通・貯蔵の温度や期間などから ………………（松　本）… *174*
3．形状から ……………………………………………（松　本）… *175*
4．用途から ……………………………………………（松　本）… *177*
5．機能性や特性から …………………………………（松　本）… *178*

資　料　食品添加物使用基準 …………………………………… *181*
索　引 ……………………………………………………………… *185*

序　章

1. 食品特性と食品加工

　人は食物連鎖の頂点にある。様々な植物や動物のうち，次の要件を満たすものを食品と呼ぶ。食品は人の健康を保持すると同時に，人生に潤いを与えるものである。

1）食　　品
① 有害物を含まず安全なもの
② 何らかの栄養特性のあるもの
③ 色，味，香り，食感など嗜好性のあるもの
④ 生産性が高く，経済的に利用できるもの
⑤ 簡単な処理で食用になるもの

　食品として利用可能な植物や動物は食文化として受け継がれ，今日では，さらに改良されたものが，農産物，畜産物，水産物として生産されている。これらは，一般に次のような特性をもつ。

2）食品の特性
① そのままでは安全性，栄養性，嗜好性に難点があるものが多い。
② 品質劣化，腐敗を起こしやすい。
③ 収穫期や漁獲期が限定され，生産が変動しやすいものが多い。
④ 水分や廃棄部が多く，保存や輸送に不便である。
⑤ 品種が多く，同一品種でも色や形が不均一になりやすい。

　豊かで安定した食生活を確保するためには各種の処理を必要とするものが多い。このために行われる処理を食品加工（food processing）といい，製造され

た食品を加工食品（processed foods）と呼ぶ。

3）食品加工の目的

食品加工の目的は次のように要約される。

① **安全性の確保**　有害物の除去，品質劣化・腐敗の防止など。保存用に使われる食品添加物は，それ自体の安全性についての配慮も必要である。食品衛生法で，その品目や成分規格，使用基準，使用対象食品などが規定されている。

② **栄養性の向上**　不消化な部分を除き，消化吸収をよくする。栄養成分を添加したり，特定の成分やカロリーを低減させた製品，特別用途食品・特定保健用食品として許可を受けた製品も増えている。

③ **嗜好性の向上**　色，味，香り，食感などの優れた製品を作る。酸味の強い果実もシロップ漬や果汁飲料の原料には適する。加工専用品種を使うことも多い。

④ **経済性の向上**　外観や食味が劣るもの，余剰生産物などが無駄なく利用できる。また工場で大量生産すれば，生産コストが下がり経済的である。

⑤ **保存性の向上**　加工食品の歴史は食品の保存法から始まった。保存技術の開発が各種の加工食品を産出してきたといえる。また，包装技術の進歩が加工食品の種類を拡大し，輸送性を向上させた。

乾燥，塩蔵，糖蔵，酢漬，くん煙，缶・びん詰，冷蔵・冷凍，化学薬品の添加，発酵などによる製品は加工食品であると同時に保存食品でもある。CA貯蔵や放射線照射など，生鮮食品を生鮮のまま保存する技術も進んでいる。

⑥ **利便性の向上**　加工食品は不可食部や不消化部が除かれ，嗜好性も改善されていて，そのままで食用になる。特に各種の調理加工食品の拡大は，調理時間を短縮し食生活の内容を多様化した。これらは中食や外食産業でも大量に利用され，その発展に寄与している。

2. 食生活と加工食品

　近年，意識や価値観の多様化が進み，ライフスタイルの変容が著しい。食料費支出の実質減少が続く中，食生活の外部依存は進むばかり。調理食品を中心とした加工食品の需要は増加の一途にある。

　総務省の「家計調査」によると，全国平均1世帯当たりの食料費支出のうち加工食品が合計で約50％，外食費は約18％である。統計上，精白米は穀類に，魚介類や食肉類の冷凍品，果実などのCA貯蔵品は生鮮食品に区分される。これらを含めると加工食品は食料費支出の60％を上回り，外食費と合計した食生活の外部依存比率は80％近くを占める。

　調理食品の購入費は食料費支出の10％を超え，最大の支出費目である外食費に迫っている。最近は，弁当類，おにぎり，サンドイッチなど主食的な中食の伸びが大きい。

　加工食品は，今や，ファッションといえるほど消長も激しい。消費者の様々なニーズに応えるべく新製品が開発されては淘汰が繰り返される。最近のトレンドは次のようなものである。

① 簡便・手軽・食べやすい
② 健康・美容・ダイエットによい
③ 個食・孤食によい
④ おシャレ・楽しさ・コミュニケーションを演出
⑤ 低価格・実質的価値が高い

　その他，口あたりが良く（ソフト），淡色で薄味（ライト・マイルド），爽やか風味（ドライ）の製品，また，生・天然・自然・高級などもキーワード。これらの複合ニーズを満たしたヒット商品でもロングセラーとはなり難い。

総　　論

第1章　加工食品の表示
第2章　容器包装とリサイクル
第3章　食品の加工
第4章　食品の保存

第 I 章

加工食品の表示

　表示は製造者からの情報提供である。消費者の利益保護のため，法律で定められたもの，業界の自主規制によるものなどがあり，購買意欲を誘う強調表示にも法的な制約がある。

(1) 食品衛生法

　公衆衛生上の見地から健康危害の防止を目的とする。
　「乳及び乳製品の成分規格等に関する省令」（乳等省令）では，乳・乳製品およびこれらを主原料とする食品。「食品衛生法施行規則」では，清涼飲料水，食肉製品，冷凍食品，かんきつ類等，容器包装された加工食品が規定されている。
　表示事項は，名称，原材料，消費期限（品質保持期限），保存方法，製造者などが基本で，食品添加物を含むものや放射線照射した食品はその旨を表示することが定められている。
　缶詰マークも食品衛生法に基づく。衛生上の危害防止が主目的である。

(2) 農林物資の規格化及び品質表示の適正化に関する法律（JAS 法）

　JAS は Japanese Agricultural Standard の頭文字をとった略称。JAS 法は JAS 規格制度と品質表示基準制度の 2 つの制度から構成される。
　JAS 規格制度は，一定の品質が保証された食品に格付表示（JAS マーク）されるもので，消費者の商品選択の目安として活用される（図1-1）。また，生産方法に特色があり，これにより価値が高まると認められたものには，特定 JAS の規格がある。作り方 JAS とも呼ばれる（図1-2）。
　格付認証業務は民間機関に委託され，一定の基準を満たすと認められた事業

図1-1　JASマーク　　図1-2　特定JASマーク　　図1-3　有機JASマーク

者は自己責任で格付してJASマークを貼付することができる。規格の内容は5年ごとに見直し，国際整合性を確保することになっている。

　品質表示基準制度は，一般消費者向けの生鮮食料品を含むすべての飲食料品が対象となる。違反した場合は罰則を伴う義務規定である。

　生鮮食料品は，品名と原産地を表示する。但し，国内産の場合，魚類は漁獲水域と水揚げ港との選択表示。畜産物は誕生地と肥育地が異なることが多く，産地名表示は要しない。輸入品は基本的には国名表示。カリフォルニア産など地域名も認められる。

　加工食品は，品名，原材料名，内容量，賞味期限，保存方法，製造者名などを一括表示する（表1-1）。原材料名は使用した原料のすべてを，多く使用したものから順に列挙。賞味期限は「包装容器の開かれていない製品が，表示された保存方法に従って保存された場合に，その製品として期待されるすべての品質特性を十分保持しうると認められる期限」と定義している。

表1-1　品質表示基準による一括表示の例（即席めん類）

品　　　名	即席中華めん
原 材 料 名	油揚げめん（小麦粉，植物性たんぱく，植物油脂，ラード，食塩，かんすい，酸化防止剤），調味料（食塩，しょう油，とり肉エキス，香辛料，カラメル色素，調味料（アミノ酸等））
内　容　量	内容重量 100 g（めん 88 g）
賞 味 期 限	2000.9.1
保 存 方 法	直射日光を避け，常温で保存すること。
調 理 方 法	裏面に記載
製　造　者	○○食品株式会社 ☎ 112-0011　東京都文京区千石 4-2-15

期限表示は次のように行われる。① 品質が急速に変化しやすく，製造後，製造日を含めておおむね5日以内に消費しなければ衛生上の危害が発生する恐れがある食品は「消費期限」を年月日で，② 製造から3か月以内，品質が保持できる食品は「賞味期限」を年月日で，③ 3か月を超える食品は年月表示でもよい，④ 長期保存が可能な食品は日付表示を省略できる。

「有機食品」は，特定JAS規格に適合しなければ表示できない。「有機」は，① 化学肥料や農薬を3年以上使っていない農地で生産，② 遺伝子組み換え品種ではない，③ 加工食品では，有機農産物が原材料の95％以上を占めることなどを第三者認証機関が認定し，有機JASマーク（図1-3）を付けたものに限り表示が可能である。

遺伝子組換え作物は，遺伝子の一部に別の生物の遺伝子を組み込むことで作られた，除草剤や害虫に強い作物。栄養成分は普通の作物と変わらないとされているが，安全性や環境への影響をめぐる批判がある。これらを原料とした「遺伝子組換え食品」のうち，表1-2に示した品目に表示の義務を課している。

表 1-2 義務表示となる遺伝子組換え指定食品

「遺伝子組換え」表示義務付け
高オレイン酸大豆，高リシントウモロコシおよびその製品
「遺伝子組換え」または 「遺伝子組換え不分別」表示義務付け
大豆，とうもろこし，じゃがいも，なたね，わた，アルファルファ，てんさい，パパイヤの8農産物とその加工食品33食品群（①豆腐・油揚げ類，②凍豆腐・おから・ゆば，③納豆，④豆乳類，⑤みそ，⑥大豆煮豆，⑦大豆缶詰・瓶詰，⑧きな粉，⑨大豆いり豆，①～⑨を主な原材料とするもの，大豆（調理用）を主な原材料とするもの，大豆粉を主な原材料とするもの，大豆たんぱくを主な原材料とするもの，枝豆を主な原材料とするもの，大豆もやしを主な原材料とするもの，⑩コーンスナック菓子，⑪コーンスターチ，⑫ポップコーン，⑬冷凍とうもろこし，⑭とうもろこし缶詰・瓶詰，⑩～⑭を主な原材料とするもの，コーンフラワーを主な原材料とするもの，コーングリッツを主な原材料とするもの，とうもろこし（調理用）を主な原材料とするもの，⑮冷凍じゃがいも，⑯乾燥じゃがいも，⑰じゃがいもでん粉，⑱ポテトスナック菓子，⑮～⑱を主な原材料とするもの，じゃがいも（調理用）を主な原材料とするもの，アルファルファを主な原材料とするもの，てんさいを主な原材料とするもの，パパイアを主な原材料とするもの）

(3) 健康増進法

国民の健康および体力の維持向上，福祉の増進を目的とする。食品の表示では，栄養表示基準制度と特別用途食品表示制度の定めがある。

栄養表示基準では，食品に栄養成分や熱量に関する表示をする場合，その含有量と，たんぱく質・脂質・炭水化物・ナトリウム・エネルギー量を併記することを義務づけている。

また，表示内容に「高・多・豊富・強化・増・たっぷり・濃厚」など，あるいは「源・供給・含む・入り・使用・添加」など栄養成分の補給ができる旨の強調表示を行う場合の基準値，「無・ゼロ・ノン」など，あるいは「低・軽・ひかえめ・低減・カット・オフ・ライト・ダイエット」など栄養成分や熱量の適切な摂取ができる旨の強調表示を行う場合の基準値を定めている。

特別用途食品は，特別な用途に適する旨の表示が行われる食品で，「病者用食品」「妊産婦，授乳婦用粉乳」「乳児用調製粉乳」「えん下困難者用食品」の許可基準がある。これらには図1-3の許可証票が付けられる。「特定保健用食品」も特別用途食品の一つである。特定保健用食品は，当該保健の目的が期待できる旨の表示が許可された食品で，関与する成分，認可を受けた表示の内容，摂取する上での注意事項などを明記し，図1-4の許可証票を付ける。

図1-3　特別用途食品　　図1-4　特定保健用食品　　図1-5　公正マーク

(4) 不当景品類及び不当表示防止法（景表法）

過大な景品付販売や虚偽・誇大な表示を規制して事業者間の公正な競争を確

保し，消費者の利益を守ることを目的とする。

　事業者間で相互に監視する公正競争規約の制度を定めている。牛乳，はちみつ，生麺などの規約がある。飲用牛乳公正取引協議会の認証マーク（公正マーク）を図1-5 に示した。表示が適正なものに付けられる。

(5) そ の 他

　食品や容器には様々なマークが見られる。これらは，食品関連の法律や省令によるもの，これに沿って地方自治体が定めたもの，各団体が自主的に定めたものなどがある。

　① ミニJAS マーク　　地方自治体が「地域食品認定基準」（ミニJAS）により，地域性が強く，主に保存性の低い食品を対象に定める（図1-6①）。

　② ふるさと認証食品マーク　　地方自治体が「地域推奨品表示適正化認証制度」により認証した食品に付ける。地域の原材料の良さを生かし，地域の技術を用いて製造された食品が対象（図1-6②）。

　③ JHFA マーク　　厚労省の指導下で，(財)日本健康・栄養食品協会が行

① ミニJAS マーク　　　　　② ふるさと認証食品マーク

③ JHFA マーク　　④ 特殊容器マーク　　⑤ S マーク

図1-6　食品や容器の各種マーク

う自主表示制度。健康食品の規格基準に適合し，表示内容も審査した食品（図1-6③）。

④ **特殊容器マーク**　計量法に基づく表示。容器や内容量の品質保証が主目的。「㊥びん」といい，㊥1800 ml，㊥633 ml などと表示される（図1-6④）。

⑤ **Sマーク**　消費生活用製品安全法に基づく表示。SマークのSは safety の頭文字。特に危険な特定製品が安全基準に合格したものに表示される。炭酸飲料びん詰（400 ml 以上）の王冠などに見られる（図1-6⑤）。

その他にも，容器包装リサイクルのための識別マーク，各種の商品情報を織り込んだバーコードなどがある。

平成25年（2013年）6月に**食品表示法**が国会で可決された。食品衛生法・JAS法・健康増進法による**食品表示にかかわる規定を一元化**し，併せて**栄養素等の表示を義務化**しようとする法律で，平成27年（2015年）4月から施行される見込みである。

第 2 章

容器包装とリサイクル

　食品の多様化，複雑化に対応して，様々な機能をもつ容器包装材が開発されている。長期の貯蔵性を付与すると同時に，流通にも合理的，軽便で美観にも優れたものが多用されるようになった。
　一方，これらの廃棄物は容積比で，ごみ全体の 60 ％を占める。2000 年 4 月，「容器包装リサイクル法」が完全施行された。これらを完全に回収し再利用することで，ごみの減量化を図るのが同法の目的である。

(1) 包 装 材 料

　容器包装材としては，紙，セロファン，金属，ガラス，プラスチック，複合材料などが用いられる。
　① 　紙　　比較的安価で，遮光性があり，印刷しやすく加工適性の高い素材。欠点は，防湿，防水性に乏しく，ヒートシール（heat seal；加熱接着）ができないこと。このため，パラフィンをコーティング（coating；塗布加工）したり，アルミ箔やプラスチックをラミネート（laminate；積層加工）した様々な加工容器として用いる。外装用の段ボールカートンとしても多用される。
　② 　セロファン　　透明で，印刷しやすいが，防湿性とヒートシール性に難点。紙と同様，主としてプラスチックをコーティングしたりラミネートした防湿セロファンを用いる。
　③ 　金　属　　ブリキ，ティンフリースチール（TFS），アルミニウムが使われる。遮断性，耐熱性，耐圧性が高く缶詰に適する。
　ブリキは鋼板をスズめっきしたもの。強固だが耐蝕性にやや欠ける。TFS は鋼板をクロム酸処理して作る。ブリキよりも安価で耐蝕性が高い。アルミニ

ウムは軽量で耐蝕性が高く成形加工性にも優れる。製缶用以外にアルミ箔容器や包装用，また，紙やプラスチックのラミネート用にも使われる。

その他，エポキシ樹脂などで塗装した内面塗装缶がある。内容食品と缶材料との直接接触を防ぎ，缶の材質の溶出を抑え，食品の風味を損なわせないことが目的である。

④ **ガラス**　びんとして多用する。化学的に安定で，遮断性，耐熱性が高く内容物が見られる利点。紫外線の透過は着色によりカバーできる。容器重量が重く物理的強度が弱いのが欠点。びんの密封には，王冠，ネジ蓋，コルク栓，ガラス玉などの他，ワンショット型と呼ぶ小型びんにはタブやリングの付いた易開封性のものが多用される。

軽くて破損しにくくするため，ガラス表面をセラミックなどでコーティングした軽量強化びん，飛散防止を目的としたプラスチックコートびん，フィルム装着びんなどを使うものも多い。

ビールや牛乳びんのように繰り返し利用されるリターナブルびん（returnable bottle）と，1回限りのワンウェイびん（one way bottle）とがある。

⑤ **プラスチック**　成形，ヒートシールが容易。軽量，透明，防水，防湿性に優れ，印刷しやすく弾力性がある。単体では遮光性，ガス遮断性，耐熱性などで劣るものがあり，性質の異なるプラスチック，紙，セロファン，アルミ箔などをラミネートしたものが多い。

形態にはフィルム，シート，カップ，ボトル，食品トレイなどがある。そう菜容器，スナックめん・アイスクリーム・乳酸飲料の容器，冷凍食品・レトルト食品の容器，電子レンジ対応食品の容器など，それぞれに異なったニーズに合わせて様々な複合フィルムが選択利用される（表2-1）。

代表的なプラスチックには，ポリエチレン（PE），ポリプロピレン（PP），ポリスチレン（PS），ポリ塩化ビニリデン（PVDC），ナイロン（N）などがある。

ポリエチレンは柔軟性があり，薬品や低温に強いが，ガス遮断性は乏しい。「ポリ袋」の略称で多用される。

表2-1 主な複合フィルムの構成・特性・用途

複合包装材料構成	特性									用途
	防湿性	防気性	耐油性	防水性	耐ボイル性	耐寒性	透明性	遮光性(紫外防止)	成形性	ヒートシール性
セロファン／PE	◎	◎	○	×	×	×	◎	×	×	◎	インスタントラーメン，米菓
OPP／PE	◎	◎	○	◎	◎	◎	◎	×	○	◎	乾燥のり，インスタントラーメン，米菓，珍味類，冷凍食品
PVDCコートセロファン／PE	◎	◎	○	◎	○	◎	◎	○~×	×	◎	みそ，漬物，ハム，煮豆，ジャム，粉末ジュース，魚肉加工品
OPP／CPP	◎	◎	○	◎	○	◎	◎	×	○	◎	米菓，豆菓子，油菓子
セロファン／CPP	◎	◎	○	×	×	×	◎	×	○	◎	米菓，豆菓子，油菓子
OPP／セロファン／PE	◎	◎	○	○	○	◎	◎	×	×	◎	みそ，漬物，煮豆，佃煮，ジャム
OPP／PVDCコートセロファン／PE	◎	◎	○	◎	○	◎	◎	○~×	×	◎	高級加工食品，みそ，ラーメン添加スープ
OPP／PVDC／PE	◎	◎	○	◎	○	◎	◎	○~×	×	◎	ハム，ソーセージ，かまぼこ，こんにゃく
PET／PE	◎	◎	○	◎	◎	◎	◎	○~×	○	◎	レトルト食品，冷凍食品，もち，みつ豆，粉末ジュース，ラーメン添加スープ
PET／PVDC／PE	◎	◎	○	◎	◎	◎	◎	○~×	○	◎	みそ，みつ豆，白桃，かまぼこ，冷凍食品，くんせい品
N／PE	○	◎	◎	◎	◎	◎	◎	×	○	◎	かまぼこ，ラーメン添加スープ，もち，冷凍食品，粉末ジュース
N／PVDC／PE	◎	◎	◎	◎	◎	◎	◎	○~×	○	◎	同上
OPP／PVA／PE	◎	◎	○	◎	○	◎	◎	×	○	◎	みそ，みつ豆，粉末ジュース
OPP／エバール／PE	◎	◎	○	◎	○	◎	◎	×	○	◎	ガスバリヤー用パウチ（けずりぶし，粉末ジュース）
PC／PE	○	×	○	◎	◎	◎	◎	○~×	○	◎	スライスハム，水物用パウチ
PT／Al／PE	◎	◎	○	×	×	○~×	×	◎	×	◎	菓子類，お茶，インスタント食品
PET／Al／PE	◎	◎	○	◎	◎	◎	×	◎	×	◎	カレー，シチュー，おでん等のレトルト食品
PT／紙／PVDC	◎	◎	○	×	×	○	×	◎	×	◎	乾燥のり，お茶，乾燥食品
PT／Al／紙／PE	◎	◎	○	◎	◎	○~×	×	◎	×	◎	お茶，固形スープ，粉末飲料，粉ミルク

◎優 ○良 ×不可

PE＝ポリエチレン，PP＝ポリプロピレン（OPP：二軸延伸，CPP：無延伸），PVDC＝ポリ塩化ビニリデン，PET＝ポリエステル，N＝ナイロン，Al＝アルミ箔，KコートN＝ビニリデンコートナイロン，PT＝普通セロファン

（資料 玉井紀行：食品工業，32 (6)，28-35，光琳，1989）

ポリプロピレンは，外観はポリエチレンに似ているが，プラスチック中で最も軽く耐熱性に優れる（120℃）。ガス遮断性には乏しい。ナイロンとの複合フィルムは家庭用ラップフィルムに使われる。

　ポリスチレンは耐熱性に乏しく（70〜80℃），アイスクリームやヨーグルトなど冷菓容器に，透明製品はフードパックなどに用いる。発泡させた発泡ポリスチレンは「発泡スチロール」と別称されトレイやカップに利用される。保温性，断熱性がよく熱湯程度には耐える。

　ポリ塩化ビニリデンは耐熱性があり（130〜150℃），耐水性，耐油性，耐薬品性に優れる。ガス透過性が小さく，家庭用ラップフィルムやハム・ソーセージのケーシングフィルムに利用する。

　ナイロンは繊維形成能のあるポリアミド。弾性，耐薬品性，耐寒性がよい。複合フィルムとして冷凍食品の包材に使われる。

　ポリエチレンテレフタレート（polyethylene terephthalate）は「ペットボトル」（PET bottle）にされる。軽量，透明，遮断性がよく，しょう油や飲料容器などに多用される。

（2）容器包装リサイクル法

　正式名称は「容器包装に係る分別収集及び再商品化の促進等に関する法律」。家庭から排出される一般廃棄物は'ごみ問題'として社会問題化している。このうち，容器包装廃棄物が容積比で60％，重量比で20〜30％を占める。ごみ減量のためには，これらを資源として再商品化（リサイクル）する循環型社会の構築が不可欠である。また，同時に，メーカーも容器包装を見直し，過剰包装を排し，再利用しやすい素材を使った容器包装への切り替えが必要となる。

　容器包装リサイクル法の基本は，「消費者が分別排出」し，「市町村が分別収集」し，「事業者がリサイクル」すること。

　リサイクルの義務は容器包装を利用した中身メーカー，容器包装を生産し，販売した容器包装メーカーなど事業者に課せられる。違反した場合は罰則を伴う義務規定がある。なお，指定法人の(財)日本容器包装リサイクル協会が市町

村・事業者・再商品化事業者の橋渡しを行い，リサイクルを代行する制度もある（図2-1）。

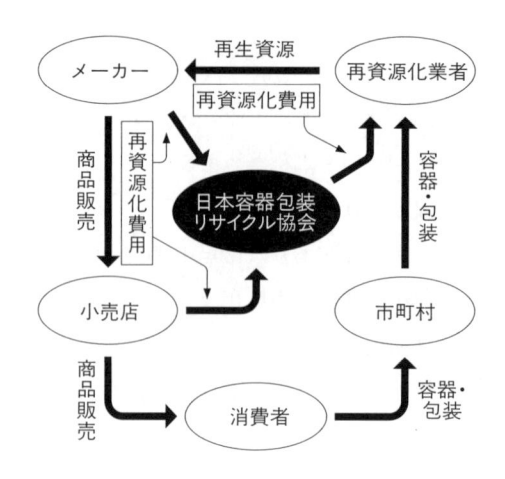

図2-1　容器包装のリサイクルの仕組み

また，リターナブルびんなど，回収率が90％に達するものは再商品化義務が免除される。

対象となる容器包装廃棄物とフローを図2-2に示した。

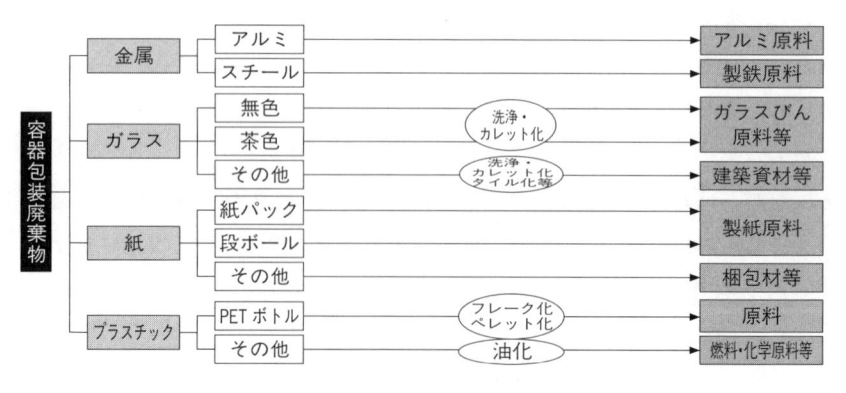

図2-2　リサイクル対象物とフロー

このうち，アルミ缶，スチール缶，飲料用紙パック，段ボールは，既にリサイクルのルートが確立しており，市町村が分別収集した段階で有価物となるため再商品化義務の対象から除かれる。複数素材からなる容器包装は，構成する素材のうち重量ベースで最も比率が高いものに分類される。

法律では，容器包装のうち，事業者が利用する時点で，既に容れ物の形状を呈しているものを「特定容器」，それ以外を「特定包装」と呼ぶ。これらは具体的に省令で列挙されている。

特定容器には，びん，缶，箱，袋，トレイなどが該当する。菓子の空き箱，飲料や納豆などのマルチパック，スーパーなどで出されるレジ袋や紙袋，カップ麺のシュリンクパック。飲料パックのストローの袋，弁当の割り箸の袋などがあげられる。

特定包装には，包装紙，ラップ類がある。デパートの包装紙，生鮮食品のトレイなどに使われるラップフィルム，ハンバーガーやキャラメルを包む紙やフィルム，コンビニで売られる弁当に使われるストレッチフィルム（商品全体を包むのに必要な最低面積の2分の1を超えてその商品を包んでいる包装材）も含まれる。

その他，「社会通念上，概ね容器・包装であると考えられるもの」として，① ふた，キャップなど容器や包装の一部分であるもの（容器の栓，カップラーメンやプリンのふた，チューブ入り調味料の口のシールなど），② 商品の保護または固定のために使われるもの，ふたやトレイに準ずるもの（発泡スチロール製の緩衝材，商品を包む柔らかいシート状およびネット状態のもの，パックに入ったいちごの表層面やバターの表面を覆ったフィルムなどふたに準ずるもの）などの具体的な規定がある（表2-2）。

表2-2 容器包装リサイクル法の対象品目

ガラス容器	びん，コップ，容器の栓やふた
ペットボトル	容器，ふた
紙製の容器と包装	箱，コップ，皿，袋，包装紙
プラスチック製の容器と包装	箱，コップ，皿，袋，チューブ状の容器

図 2-3　容器包装のリサイクルマーク

「再生資源の利用の促進に関する法律」(リサイクル法) により，スチール缶，アルミ缶，ペットボトルには材料表示が義務付けられている (図2-3)。ペットボトルのうち，飲料・酒類・しょう油が充てんされるものは強制マーク。食用油，しょう油以外の調味料などに使われたペットボトルは識別マークがあっても「PET 以外のプラスチック」に分別することになっている。

(3) リサイクルの方法

リサイクルは「環境基本計画」に沿って，次の順序で推進される。すなわち，① 廃棄物の発生抑制，② 使用済み製品の再使用，③ 回収されたものを原材料として使用するリサイクルを行い，④ 最後にエネルギーとして利用する，の順で行われる。

容器包装のリサイクルは，まず，③ 原材料として利用するマテリアル・リサイクル (material recycle) を行い，これが困難な場合に，④ 熱エネルギーとして回収利用するサーマル・リサイクル (thermal recycle) を行うことになる。

「容器包装リサイクル法」は，容器包装廃棄物が増えるほど事業者の経済的負担が大きくなるシステム。事業者は再利用しやすい包材への転換を迫られる。循環型社会への前進となる。消費者も，まず，簡易包装やリターナブル容器の商品選択に努めること，次いで，市町村の定める分別収集に従った分別排出を徹底すること。すなわち，①と②を実践した上で'ごみは資源'と認識すること。そして，再商品化された製品を積極的に活用すること。これがリサイクル社会の基本的ルールである。

第3章

食品の加工

1. 物理的作用による加工法

(1) 選別・洗浄

食品として適合するものを選別したり，規格に合わせるために分別する。また，原料中の夾雑物を予め取り除いたりする処理。

(2) 前処理

食品の劣化をできるだけ抑制し，目的とする操作を円滑に効率よく行うための処理。野菜などの冷凍品や缶詰を製造する前のブランチング（blanching：熱処理），青果物を冷却冷蔵する前の予冷（一時的冷却），キュアリング（curing：傷修復処理），予措乾燥（果皮乾燥），大豆油を抽出しやすくするための圧延などがある。

(3) 粉砕

原料に機械的圧力を加えて細粒化すること。例えば，小麦から小麦粉を作る際に，微粉の製品を作るために粉砕が行われる。また，大豆などの油糧作物から油脂を抽出するための前処理として行われる。

(4) 混合・乳化

固体の粉末や液体からなる成分を均質にするために行う操作を混合という。
混ざり合わない液体をそれぞれ細粒化して均一に分散させることを乳化という。乳化には乳化剤が用いられることが多い。例えば，マヨネーズは油脂と食

酢を乳化させて製造したものである。この際，卵黄中のレシチンに乳化作用があり，水中油滴型のエマルジョンが作られ，油と水が混じり合う。

(5) 乾　　燥

　食品を乾燥させて水分を減らすことにより微生物の変質を防ぐことができる。また，水分が減ることにより軽量になり，輸送・保管費などを軽減できる利点がある。

　乾燥には自然乾燥（自然の太陽熱および風力を利用したもの），熱風乾燥，噴霧乾燥（液状の食品を加圧してノズルから常圧の熱風中に霧状に噴出させ，連続的に水分を除去する方法），皮膜乾燥，泡沫乾燥，減圧（真空）乾燥，凍結乾燥（食品を急速凍結し，水分を真空下で，昇華により蒸散させて乾燥する方法）などがある。

(6) 濃　　縮

　水分を除き液体の成分濃度を高めること。これには加熱による濃縮，減圧下で行う真空濃縮，凍結濃縮，膜を利用した精密ろ過法，限外ろ過法，逆浸透法，電気透析法などがある。

　加熱によらない濃縮法は香気，色調，栄養性，機能性などの変化が少ない。

　精密ろ過法はろ過材に高分子膜を使う。コロイド粒子，懸濁質，微生物などを排除分離できる。生ビールやワインの無菌ろ過に利用される。

　限外ろ過法は溶液中の低分子量の成分を膜透過させ，高分子量の成分を濃縮する方法である。牛乳ホエーから乳糖とホエーたんぱく質の分離，清酒の混濁物（たんぱく質性）の除去，透明果汁の製造（ペクチン質の除去）などに用いられる。

(7) 蒸　　留

　液体を沸騰させ，含まれる成分の沸点の違いにより目的の成分を分離する操作を蒸留という。常圧蒸留，真空蒸留，分子蒸留に分けられる。

(8) 抽　　出

溶剤を用いて原料から目的成分を取り出す操作。

液体による抽出法としては水抽出が最も多く行われている。大豆からの大豆油の抽出は有機溶媒（ヘキサン）が用いられる。

食用油の抽出（大豆油，なたね油），大豆より豆乳の製造（主にたんぱく質を抽出する）などがある。

(9) 分　　離

食品原料から目的とする成分を得るために他の成分と分ける操作。

これには粒子の大小によりふるい分けをする篩別（しべつ），圧力をかけて固体と液体を分ける圧搾，遠心力の差により分ける遠心分離，フィルターなどのろ過材を用いて分けるろ過がある。

(10) そ の 他

食品を低温に保存する時，凍らせない温度で行うのが冷却，凍らせた状態を凍結という。

食品を容器に満たすことを充填といい，同時に密封が行われる。食品の衛生状態や品質を保ち保存性を与えるためや，輸送，保管などの取り扱いを容易にするために包装が行われる。

玄米から白米への精米にみられるような表面のぬか層（原料の種類によっては麩層（ふすまそう））を摩擦により削り落とすことを搗精（とうせい）という。

2．化学的作用による加工法

(1) 溶　　解

酸やアルカリによる薬品処理や，酵素などを働かせて溶解性を増し，加工性を良くする方法をいう。例えば，みかんの剝皮のために，酸，アルカリ処理する。また，果汁を飲料に添加する際に白濁するのを防ぐために，果汁を予め酵

素処理して溶解性を増して沈殿を生じにくくする方法がある。

(2) ゲル化

コロイド溶液を加熱後冷却したり，酸，アルカリを加えることにより弾力ある塊にすること。溶媒を含んだまま塊になることをゼリー化というが，食品にはこれが多い。寒天，ペクチン，ゼラチン，卵白などがゲル化剤として用いられる。

(3) 加水分解

水と化合物が反応して分解物を生ずる反応。食品製造では酸，アルカリを添加して反応を進めたり，酵素，微生物を用いる方法がある。でんぷんから水飴やぶどう糖を製造したり，たんぱく質を分解してアミノ酸を製造する際に用いられる。

(4) その他

油に水素を添加して性状を変える（脂）ことを硬化という。

木材の燻煙中には各種の抗酸化成分，防腐成分が含まれている。くん煙法は食品の保存法として用いられる。

粗製の食用油には着色物質や匂いがあり，そのままでは食用として適さないものがある。そのために脱色，脱臭が行われる。

3. 生物的作用による加工法

(1) 微生物の利用

微生物を利用し，発酵を起こし食品を加工すること。微生物としてはかび，酵母，細菌が用いられる。代表的な適用例を表3-1に示した。

わが国では微生物は食品加工で広く利用されており，それにより製造された発酵食品がきわめて多い。

3. 生物的作用による加工法

表 3-1 食品加工に使用される主な微生物

食品名	か び	酵 母	細 菌
パン		Saccharomyces cerevisiae サッカロミセス・セレビシエ	
納豆			Bacillus natto バシラス・ナットウ
ヨーグルト			Lactobacillus bulgaricus ラクトバシラス・ブルガリカス Streptococcus thermophilus ストレプトコッカス・サーモフィラス
チーズ			Streptococcus lactis ストレプトコッカス・ラクチス Streptococcus cremoris ストレプトコッカス・クレモリス
（カマンベール）	Penicillium camemberti ペニシリウム・カーメンベルティ		
（ロックフォール）	Penicillium roqueforti ペニシリウム・ロックフォールティ		
かつお節	Aspergillus glaucus アスペルギルス・グローカス		
みそ	Aspergillus oryzae アスペルギルス・オリゼ	Zygosaccharomyces rouxii チゴサッカロミセス・ルキシー	Pediococcus halophilus ペディオコッカス・ハロフィラス
しょう油	Aspergillus sojae アスペルギルス・ソーヤ	Zygosaccharomyces rouxii チゴサッカロミセス・ルキシー	Pediococcus halophilus ペディオコッカス・ハロフィラス
食酢	Aspergillus oryzae アスペルギルス・オリゼ	Saccharomyces cerevisiae サッカロミセス・セレビシエ	Acetobacter aceti アセトバクター・アセチ
ぶどう酒		Saccharomyces cerevisiae サッカロミセス・セレビシエ	
ビール		Saccharomyces cerevisiae サッカロミセス・セレビシエ	
清酒	Aspergillus oryzae アスペルギルス・オリゼ	Saccharomyces cerevisiae サッカロミセス・セレビシエ	

注）以前は別種とされていた，ぶどう酒酵母（*Sccharomyces ellipsoideus*, *S. cerevisiae* var *ellipsoideus*），ビール酵母（*S. carlsbergensis*, *S. uvarum*），清酒酵母（*S. sake*）などは，すべて *S. cerevisiae* に統合された。現在，アルコール飲料の醸造に使われる酵母はすべて *S. cerevisiae* とされる。

(2) 酵素の利用

食品の加工に利用される酵素は加水分解，酸化還元，転移，脱離，異性化などの反応を進めるために用いられる。例えば，チーズ製造の際，牛乳を凝固させるために仔牛の胃から取ったレンネット（キモシンというたんぱく質分解酵素が含まれる）を用いるのは，その中に含まれる酵素を利用するためである。酵素とこれを利用した食品については表3-2に示した。

表 3-2 食品加工に利用される酵素

酵　　素	目　　的
α，β-アミラーゼ	でんぷんの加水分解，水あめの製造
グルコアミラーゼ	ぶどう糖の製造
グルコースイソメラーゼ	異性化糖の製造
ラクターゼ	乳糖分解，アイスクリーム品質改良
プロテアーゼ	みそ，しょう油，アミノ酸，チーズの製造，肉の熟成
キモシン（レンニン）	チーズの製造
パパイン	ビールの濁り除去
リパーゼ	チーズの熟成
ペクチナーゼ	透明果汁の製造
ナリンギナーゼ	果汁苦味除去

(3) バイオリアクター

最近，バイオリアクターを用いた食品の加工が行われる。バイオリアクターとは，酵素や微生物を樹脂など担体に固定化して，その安定性，利用効率を高めたり，反応時間を短縮したり，反応条件を制御したりして酵素反応を連続的に行えるようにしたものをいう。

現在，異性化糖の生産，乳糖の加水分解，L-アミノ酸の製造，核酸系の調味料の製造など，多くの食品製造で用いられている。

〔参考文献〕
・小倉長雄他：食品加工学，建帛社，1996
・菅原龍幸編：食品加工実習書，建帛社，1995

第4章

食品の保存

1. 食品の品質劣化

　食品の品質は，① 微生物（かび，酵母，細菌）の作用，② 食品に含まれる酵素の作用，③ 酸素の作用，④ 光の作用，⑤ 食品成分間の相互作用[1]，⑥ ネズミ，昆虫，ダニなどの食害により劣化する。

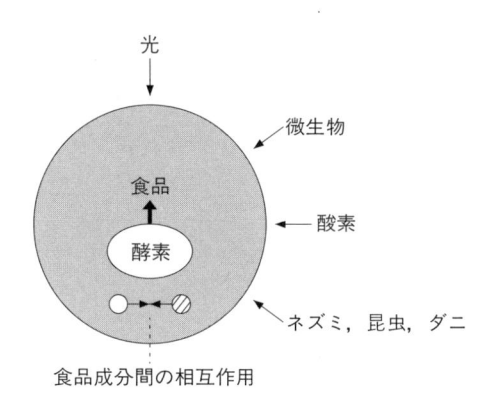

図 4-1　食品の品質劣化

(1) 微 生 物

　食品の品質劣化に関する微生物は，土壌，水，空気のいずれの中にも存在し，人間や動物にも種々の微生物が付着し生存している。そこで食品が微生物で汚染され，微生物の数が増加すると，その分泌する酵素により食品中の栄養

---

[1] アミノカルボニル反応（アミノ酸と糖が反応してメラノイジンのような褐変物質を形成する）など

成分は分解される。この結果食品は，味の変化，においの変化，変色などを起こす。このうち，たんぱく質が分解されていやなにおいを生じる現象を腐敗[1]という。一方，炭水化物や脂質が分解されて酸や異臭を生じることを酸敗という。また微生物の中には，食中毒菌や病原菌が含まれる場合もあるので注意が必要である。

微生物は，① 水分，② 温度，③ pH，④ 浸透圧などの各条件が適当であると繁殖しやすい。そこで，これらの条件のどれかを調整することにより，微生物の繁殖を抑えることができる。

1) 水　　分

微生物の生育には水分が必要である。微生物はその生育に，食品中の自由水（遊離水）を利用し，結合水は利用できない。そこで食品を乾燥したり，食品に砂糖や食塩のような水和物を添加したり，食品を凍結したりして自由水の割合を減らすと微生物の生育を抑制することができる。

食品の自由水含量の変化は，食品の水分活性（Water activity, Aw）の変化と結びついている。水分活性は，

$$Aw = P/P_0$$

P：食品の示す水蒸気圧

P_0：純水の水蒸気圧

で表される。Aw は，0～1 の間の数値であり，値が1に近いほど食品中に自由水が多いことを示す。

微生物が生育に必要な最低限の水分活性は，表 4-1 のようである。乾燥に対する抵抗性はかび，酵母，細菌の順で強い。

一般に水分活性が 0.8 以下になると，微生物の生育は困難になる。水分活性 0.65～0.85，水分含量 10～40 ％の食品を中間水分食品という。冷凍しなくても大部分の微生物の繁殖を抑え，長期間保存することができる。この例として，乾燥果実，ジャム，ゼリー，羊かん，魚の干物などがある。

---

[1] アンモニア，アミン類，インドール，スカトール，硫化水素などが，においの原因物質である。

表4-1 微生物の生育と水分活性（Aw）

微生物	発育の下限値
一般細菌	0.9
一般酵母	0.88
一般かび	0.8
好塩細菌	≦0.75
耐乾性かび	0.65
耐浸透圧性酵母	0.61

(Mossel, 1955)

表4-2 各種の食品および塩化ナトリウム，しょ糖溶液の水分活性（**Aw**）の概略値

Aw	NaCl(%)	しょ糖(%)	食品
1.00〜0.95	0〜8	0〜44	新鮮肉，果実，野菜，シロップ漬の缶詰果実，塩漬の缶詰野菜，フランクフルトソーセージ，レバーソーセージ，マーガリン，バター，低食塩ベーコン
0.95〜0.90	8〜14	44〜59	プロセスチーズ，パン類，高水分の干しプラム，生ハム，ドライソーセージ，高食塩ベーコン，濃縮オレンジジュース
0.90〜0.80	14〜19	59〜飽和 (A_w0.86)	熟成チェダーチーズ，加糖練乳，ハンガリアサラミ，ジャム，砂糖漬の果実の皮，マーガリン
0.80〜0.70	19〜飽和 (A_w0.75)		糖蜜，生干しのいちじく，高濃度の塩蔵魚
0.70〜0.60			パルメザンチーズ，乾燥果実，コーンシロップ，甘草風味のキャンディー
0.60〜0.50			チョコレート，菓子，蜂蜜，ヌードル
0.4			乾燥卵，ココア
0.3			乾燥ポテトフレーク，ポテトチップス，クラッカー，ケーキミックス，2つに割ったペカン
0.2			粉乳，乾燥野菜，くるみの実

(J. A. Troller, J. H. B. Christian：食品と水分活性，学会出版センター)

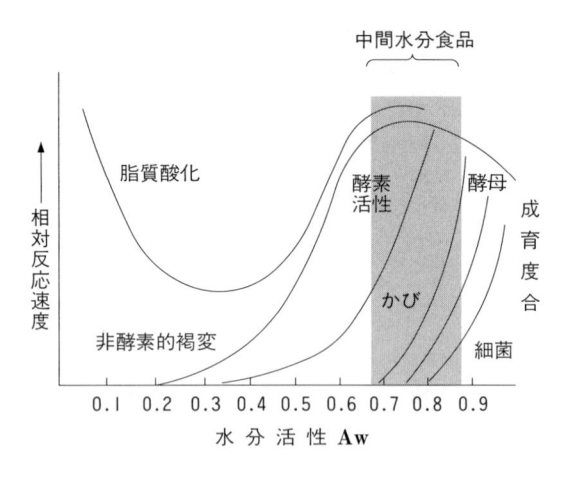

図 4-2　食品の水分活性と微生物の成育度合

2) 温　　度

　各種微生物の温度による発育の状況は表 4-3 のようである。かび，酵母，中温細菌などは 30〜40℃で生育しやすく，温度が 10℃以下になると生育は抑制される。一方，低温細菌[1]は，最適温度が 20〜30℃であり，最低生育温度は－10℃であるので，食品を冷蔵（2〜10℃）しても細菌が死滅することはない。一方，高温側では，かび，酵母と大部分の細菌は，55〜60℃，10〜30 分の加熱処理でほとんど死滅する。しかし胞子を形成する細菌[2]では，胞子が耐熱性があり，121℃，15 分の高圧湿熱処理での加熱殺菌が用いられる。

表 4-3　細菌の発育温度による分類

	最低温度（℃）	最適温度（℃）	最高温度（℃）
低温細菌	－10	20〜30	30〜40
中温細菌	10	30〜40	45〜50
高温細菌	30	50〜60	70〜80

1 ）主として海洋細菌で魚介類に付着している（シュードモナス属，ビブリオ属）。好冷細菌は，最低生育温度は低温細菌と同じであるが，最適温度が 12〜15℃，最高生育温度は 15〜20℃である。
2 ）代表的な胞子形成菌に，*Bacillus*（バシラス）属，*Clostridium*（クロストリジウム）属がある。これらの細菌は，缶詰を膨張させたり食中毒の原因になる。

3) pH

微生物の各種 pH による生育の状況は図 4-3 のようである。かびは pH 3〜5, 酵母は pH 4〜6 の酸性側の領域を好む。しかし細菌は pH 6.5〜7.5 の微酸性から微アルカリ性にかけて生育しやすい。そこで食品の pH を pH 3 以下に低下させるか, pH 8 以上にすると, 大部分の微生物の生育を抑制することができ, 食品の貯蔵性が高まる。この例として各種の酢漬食品や, pH がアルカリ性のこんにゃくなどがある。

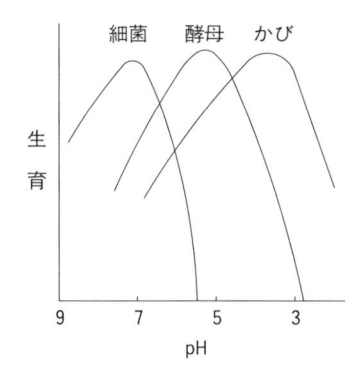

図 4-3 微生物の発育と pH

4) 浸 透 圧

微生物の細胞内の浸透圧は, 外部より多少高くなっている。しかし微生物を高濃度のしょ糖溶液や塩類溶液に入れると, 微生物は脱水されて原形質分離を起こし生育できなくなる[1]。

5) 酸　　素

微生物は, 生育時の酸素要求性により, ① 生育時に酸素を必要とする好気性タイプ, ② 酸素があってもなくても生育できる通性嫌気性タイプ, ③ 酸素のない所で生育する嫌気性タイプに分類される。かびは好気性であるので, 包装容器の中を真空にしたり, 脱酸素剤等で袋の中の酸素を除去すると, その発

---

[1] 酵母の中には, みそ, しょう油の諸味(もろみ)などの中で生育できる好浸透圧性, 好塩性のものもある。

生を抑えることができる。酵母は大部分が通性嫌気性である。細菌では，好気性菌に酢酸菌，枯草菌が，通性嫌気性菌に，乳酸菌，大腸菌が，嫌気性菌に，酪酸菌，ビフィズス菌，ボツリヌス菌，ウェルシュ菌などがある。

(2) 酵　　素

野菜，果実のような植物性食品は，収穫後も，呼吸作用[1]や蒸散作用[2]，生長作用[3]，追熟作用[4]等によりその品質が変化していく。また米ぬかは，貯蔵中に油脂が加水分解され，脂肪酸が生じると独得のにおいが出る。一方，動物性食品も貯蔵中に肉質が軟化したり，味が変化したりする。これらの変化は主に食品中に含まれる酵素が貯蔵中に働くためである。

そこで，食品の品質を良好な状態に保つためには，予め食品を加熱して酵素を失活させたり，食品を低温に保存して酵素の働きを低下させる方法が用いられる。

(3) 酸　　素

空気には約21％の酸素が含まれる。食品成分のうち，油脂，ビタミン，ポリフェノール，カロテノイドなどは酸素の影響を受けやすい。油脂は酸化されて，不快なにおいを生じ，色調の変化や風味の変化を起こす。ビタミンも酸化により分解され，色素も酸化により退色したりする。一般に酸化の速度は温度が高いほど速くなる。

そこで，食品成分の酸素による変化を防止するためには，食品を真空包装したり，包装容器内に窒素を充填したり，包装容器内に脱酸素剤[5]を入れて密封する。また食品に抗酸化剤を添加して酸化を抑制する例もある。

---

[1] 空気中の酸素を吸って二酸化炭素（炭酸ガス）を排出する現象
[2] 葉から水蒸気を排出する作用
[3] 野菜のとう立ち，す入りなどの現象
[4] 収穫後の成熟
[5] 鉄粉，アスコルビン酸，活性炭などを小袋に充填した物で，鉄などが酸化されることにより，容器内の酸素を除去する。

(4) 光

食品に光が当たると，食品の中に含まれる油脂，ビタミン，色素などが分解される。光の成分の中では，紫外線が最もラジカル作用が強く，可視光線も波長の短いものは同様の作用がある。そこで，光による食品成分の劣化を防止するためには，食品を暗所に保存するか，缶または褐色びんに入れて保存する。

2．食品の保存法

(1) 乾燥（drying）

食品を乾燥すると，食品中の自由水が減少する。食品の水分活性は低下し，微生物の生育や，酵素活性が抑制される。この結果，食品の保存性が高まり，輸送性も向上する。また乾燥により食品の風味も独得に変化する。食品の乾燥法には，自然乾燥法（天日乾燥法）と人工乾燥法がある。

1) 自然乾燥法

食品を太陽の熱や自然の風を利用して乾燥する方法である。経費は安価であるが天候に左右され，光により食品成分が分解される場合がある。水産乾製品（干物など），乾燥果実（ぶどう，あんず，プルーン，柿などの乾燥製品），乾燥野菜（切り干し大根，かんぴょう）などの製造に用いられる。

2) 人工乾燥法

① **熱風乾燥**（drying by heated air）　ヘアードライヤーのように，加熱乾燥した空気を食品に送風し，食品の水分を蒸発させる方法である。自然乾燥法に比べ乾燥時間が短く，常に一定の製品ができるが，食品の色や香りが変化する場合がある。バンド乾燥機，トンネル乾燥機，通風乾燥機などが用いられる。

② **加圧乾燥**（pressured drying；膨化乾燥）　加熱加圧が可能な容器の中に，比較的水分含量の少ない食品（穀類など，水分含量15～50％）を入れ，密封後，容器を回転させながら加熱する。一定の圧力，温度になった時に，容器の蓋をはずすと食品は常温常圧状態にさらされ，食品中の水は急激に蒸発

し，食品は数倍の体積に膨化する。この食品は多孔質構造で独得の歯ざわりがある。パフドライス（膨化米）などの製品がある。エクストルーダー（加圧押し出し機）を用いても，コーンのスナック食品のような膨化食品を製造できる。

③ **噴霧乾燥**（spray drying）　液状の食品をノズルから噴霧し，熱風で乾燥する方法である。微粒子化（粒径 10〜数百 nm）により，液状食品の表面積が拡大するので，食品を短時間で乾燥することができる。インスタントコーヒー，粉乳の製造などに用いられる。

④ **真空乾燥**（vaccum drying）　食品を入れた装置内の空気を真空ポンプで除く。減圧状態（4〜50 mmHg）にすると，低温（0〜70℃）でも，食品の水分が蒸発し，食品を乾燥させることができる。粉末ジュース，粉末みそ，調味料の製造などに用いられる。

⑤ **凍結乾燥**（freeze drying）　食品を凍結させた後，真空乾燥と同様の装置内に入れ，減圧して中の真空度を 0〜0.1 mmHg にすると，氷は水蒸気に昇華し，食品は乾燥する。製品は多孔質で復元性がよく，加熱していないため色の変化もなく，風味も残存している。インスタントコーヒー，インスタントラーメンの具の製造などに用いられる。

　乾燥製品は，吸湿して変質しやすいので，保存の際には，水分が透過しにくい素材の袋に入れ，袋内にシリカゲル，生石灰のような吸湿剤を内封する。また，酸化防止のために脱酸素剤を入れたり，真空包装や窒素充填した製品もある。

(2) 塩蔵（salting）

　食品に食塩を添加すると食品の浸透圧が増加する。この結果，食品に付着している微生物は原形質分離を起こし生育できなくなる。また食塩の添加により食品中の自由水の割合が減少し，食品の水分活性が低下する。

　食塩にはこの他に，塩素イオンによる殺菌効果，酸素溶解度の減少による好

気性菌の生育抑制，自己消化酵素の阻害作用があることが指摘されている。一般に食塩濃度2〜3％の一夜漬のような食品は，ほとんど貯蔵性がないので，冷蔵して保存したり，エタノールの添加が行われている。食塩濃度5％では腐敗細菌の生育をかなり抑制できるが，食塩濃度を10％に上げると大部分の細菌や酵母などの生育を抑制できる。しかし，しょう油のような食塩を約18％含む食品の中でも生育する耐塩性酵母などもあるので注意が必要である。

(3) 糖蔵（sugaring）

食品に砂糖を添加すると，食塩の場合と同様に，食品の浸透圧が増加し，水分活性は低下するので，微生物の生育を阻止することができる。しかし微生物の生育を抑えるための砂糖濃度としては，60％近い値が必要である。これは砂糖の分子量が食塩にくらべて大きいため，同じモル濃度の溶液を作るためには，砂糖の方が多量に必要とするからである。

また，ある種の酵母やかびは，飽和砂糖溶液（砂糖濃度67.2％，Aw 0.85）に生育するので注意が必要である。ジャムの砂糖濃度は65〜70％であるが，果実中の有機酸によりpHが低下して貯蔵性が高まっている。

表4-4　食塩，しょ糖の濃度と水分活性（25℃）

Aw	非電解質の理論値(モル)	食塩(%)	しょ糖(%)
0.995	0.281	0.9	8.5
0.990	0.566	1.7	15.5
0.980	1.13	3.4	26.1
0.960	2.31	6.6	38.7
0.940	3.54	9.4	48.2
0.920	4.83	11.9	54.4
0.900	6.17	14.2	58.5
0.850	9.80	19.1	67.2
0.800	13.9	23.2	——
0.750	18.5	——	——
0.700	23.8	——	——

表 4-5　水産加工品の水分活性

品　名	Aw	水分(%)	食塩(%)
あじの開き	0.96	68	3.5
塩たらこ	0.92	62	7.9
うにの塩辛	0.89	57	12.7
塩ざけ	0.89	60	11.3
しらす干し	0.87	59	12.7
いかの塩辛	0.80	64	17.2
いわしの生干し	0.80	55	13.6
塩たら	0.79	60	15.4
かつおの塩辛	0.71	60	21.1

(野中順三九)

(4) 酢漬 (pickles)

野菜，魚介類などを食酢，梅酢などに漬けたものである。酢漬食品のpHは4以下に低下しているので，微生物の生育を抑制することができる。同一pHでは，有機酸の方が無機酸より殺菌力が強く，有機酸の中では酢酸が最も殺菌力が強い。酢漬では，たんぱく質は酸変性で多少白く凝固している[1]。

(5) 冷蔵 (cold storage)

食品を氷結点（一般に-1～-2℃）から10℃までの温度範囲で保存する方法である。果実，野菜，畜肉，魚介類，鶏卵の保存では，一般に2～10℃の温度が使用される。

冷蔵は食品の短期間の保存法であり，果実や野菜の呼吸や蒸散，酵素の自己消化，微生物の働きを完全に抑えることはできない。また熱帯系の果実（バナナ，パインアップルなど）やある種の野菜（さつまいも，さといもなど）は，冷蔵すると低温障害[2]を受け品質が劣化するので注意が必要である。

---

1) 魚の酢漬（しめさば，こはだ，あじ等）でよく観察でき，独得の歯ざわりがある。
2) 低温による原形質流動異常説，膜変性説，代謝異常説，毒性物質蓄積説などがある。

表 4-6　各種食品の氷結点

食品名	氷結温度(°C)	食品名	氷結温度(°C)
レタス	−0.4	こい	−0.7
ほうれんそう	−0.9	たら	−1.0
トマト	−0.9	ぶり	−1.2
キャベツ	−0.9	まぐろ	−1.3
たまねぎ	−1.1	牛肉	−1.7
いちご	−1.2	豚肉	−1.7
じゃがいも	−1.7	かつお	−2.0
りんご	−2.0	うなぎ	−2.0
洋なし	−2.0	バター	−2.2
オレンジ	−2.2	チーズ	−8.3
バナナ	−3.4		
くり	−4.5		

表 4-7　各種果実・野菜の低温障害の状態

果実・野菜	低温障害の病徴
りんご(一部の品種)	2.2〜3.0℃以下でゴム類似病，ヤケ病
バナナ(未熟果, 黄熟果)	12℃以下で果皮の黒変
はっさく	1℃で果皮に pitting*
夏みかん	1℃で果皮に pitting
グレープフルーツ	8〜10℃以下 pitting，異味
レモン	15℃以下で pitting，果心部の褐変
オリーブ	7℃以下で内部褐変
マンゴー	7〜10℃以下　水浸状ヤケ，追熟不良
アボカド	5〜10℃以下　追熟異常，果肉褐変，異味
パインアップル	7〜10℃以下で追熟果実の汚緑色
さくらんぼ	1℃，1カ月貯蔵後昇温でヤケ病
ピーマン	1℃，2〜3日で種子の褐変，1週間で果皮の pitting
トマト 熟果	7〜10℃以下で軟化腐敗することあり
トマト 未熟果	13℃以下で追熟果の着色不良，腐敗
なす	1℃，6日でヤケ病
きゅうり	7℃以下で pitting
かぼちゃ	7〜10℃以下　内部褐変，pitting
さつまいも	10℃以下で内部変色
さといも	1℃貯蔵後昇温で腐敗著しい

* pitting：貯蔵中に果皮の表面に生じる変色した斑点

① **チルド**（chilled）　食品を−5〜5℃で保存する方法である。外国から輸入されているチルドビーフ（牛肉）は，包装された食肉が，−1〜1℃のチルド温度帯で流通し販売される。

② **氷温貯蔵**（chilling storage）　食品をより氷結点に近い−2〜2℃で保存する方法である。食品の品質の変化がなく，より長期間保存できるので，畜肉，魚介類，果実などに用いられる。

③ **パーシャルフリージング**（partial freezing）　食品を−3〜−5℃で保存する方法であり，食品の表面は凍結しているが，内部は生のままの製品である。たんぱく質の変性も少なく，食品成分の酸化も防止できるので，畜肉，さしみ，干物などに用いられる。

(6) 冷凍（freezing storage）

食品を氷結点以下の温度で凍結し，その状態のまま保存する方法である。冷凍状態では，微生物の繁殖は抑えられ，食品成分の酸化や酵素作用も緩慢なため食品の長期保存が可能である。食品の冷凍法には，−1〜−5℃の最大氷結晶生成帯（食品中の水の大部分が氷結する温度帯）を短時間（30分以内）で通過させる急速凍結法と，最大氷結晶生成帯をゆっくり時間をかけて通過させる緩慢凍結法がある。

急速凍結法は，食品を−20℃以下（−35〜−40℃の温度がよく使用される）で，短時間に凍結するので，食品の細胞中に微細な氷結晶が多数できる。この

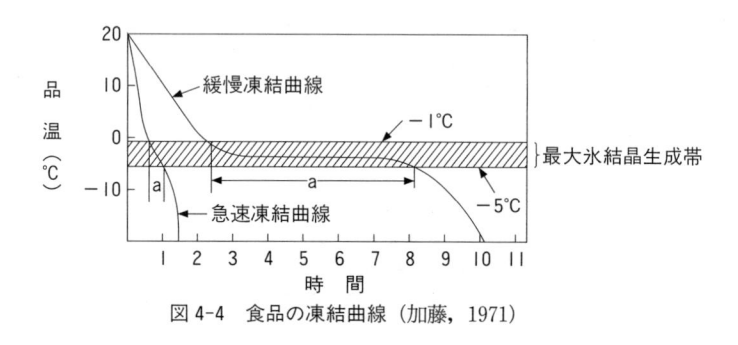

図 4-4　食品の凍結曲線（加藤，1971）

結果，食品の組織が破壊されることなく，品質のよい冷凍品ができる。

一方，緩慢凍結法は，食品を $-5 \sim -15$°Cで凍結するので，食品の細胞中に大きな氷結晶ができ，細胞膜が傷められたり，組織が破壊されたりする。この結果，解凍した時にドリップ（離汁）を生じ，食品の栄養成分やうま味成分が失われる。また食品のテクスチャーも低下する。しかし凍豆腐や棒寒天などを製造する際には緩慢凍結が利用される。

凍結方法には，以下の方法がある。

① **空気凍結法** 冷却した空気を食品を並べた部屋に送り込み凍結する方法

② **送風凍結法**（エアブラスト凍結法） $-30 \sim -40$°Cの冷気を吹き付けて凍結する方法

③ **浸漬凍結法**（ブライン凍結法） 冷却したブライン（21〜23％食塩水，29.9％塩化カルシウム水溶液など）に食品を浸漬して凍結する方法

④ **接触式凍結法** 冷却した鉄板2枚にはさんで凍結する方法

⑤ **液化ガス凍結法** 液体窒素や液体炭酸ガスを吹き付けて凍結する方法

魚介類の冷凍食品を製造する際には，一度凍結させた魚介類を，短時間2〜3°Cの水につけるか，冷水を魚体の全面に散布して再度凍結する。この結果，魚介類の表面に氷の被膜ができる。この被膜をグレーズとよぶ。グレーズは，食品成分の酸化や，食品表面からの乾燥を防止する。

(7) 殺菌，滅菌による方法

① **加熱殺菌**（heat sterilization） 食品の腐敗を起こしたり，食中毒に関係する微生物を，加熱することにより制御する方法。細菌の胞子は耐熱性があり，加熱条件によっては死滅しない場合があるので注意が必要である。

② **低温保持殺菌**（low temperature long time pasteurization） 牛乳などを62〜63°Cで30分間殺菌する方法である。牛乳中の病原菌や酵素を殺滅できるが，耐熱細胞化した胞子（芽胞）等を完全に制御することはできない。しかし牛乳の栄養成分の損失は少なく，風味もよい。

③ **高温短時間殺菌**（high temperature short time pasteurization, HTST 法）　牛乳などを 73〜75℃，15 秒以上加熱殺菌する方法である。

④ **超高温殺菌**（Ultra high temperature pasteurization）　牛乳，各種飲料などを，120〜150℃で 1〜5 秒加熱殺菌する方法である。殺菌効率が高く，製品は長期間保存できる[1]。

⑤ **滅菌**（sterilization）　すべての微生物をその芽胞を含めて死滅させる方法である。滅菌法としては高圧蒸気滅菌（120℃，15〜20 分など）がよく用いられる。

微生物の耐熱性の表示法としては，D 値，F 値，Z 値が用いられる。D 値は所定温度で，細菌数を 1/10 に減らすのに要する加熱時間（分）であり，F 値は，一定温度で一定濃度の微生物を死滅させるのに要する加熱致死時間（分）である。一方 Z 値は，加熱致死時間の 1/10 に対応する加熱温度の変化（℃）である。

(8) 缶詰（canned food）**・びん詰**（bottled food）**・レトルト食品**（retort pouched food）

食品を金属缶，ガラスびん，レトルトパウチなどの容器に充填後，脱気[2]，密封，加熱殺菌した製品である[3]。いずれも食品の長期保存に適する。

1) 缶　　詰

金属缶は材質や構造などにより表 4-8 のように分類される。

スリーピース缶は，胴・蓋・底の 3 部からなり，ツーピース缶は，胴と底が一体になった缶体と蓋の 2 部からなる。スリーピース缶の缶胴接合部（サイド

---

[1] 130〜150℃で 2 秒間加熱殺菌された牛乳は，無菌充填され，ロングライフミルク（LL 牛乳，常温で 2 カ月保存可能品）として販売されている。
[2] 脱気操作により好気性微生物の繁殖が抑えられ，空気による食品成分の酸化も防止できる。
[3] この原理は 1804 年フランスのニコラ・アッペール（Nicholas Appert）によって確立されている。その後 1810 年にイギリスのピーター・デュランド（Peter Duland）がブリキ缶を使用した缶詰を製造している。

表 4-8 金属缶の種類

ブリキ缶[1]	スリーピース缶 　ハンダ缶（丸缶・角缶） ツーピース缶 　絞り缶（丸缶・角缶・変形缶） 　DI缶（丸缶）	一般食品・飲料 飲料 炭酸飲料
TFS缶[2]	スリーピース缶 　接着缶（丸缶・角缶） 　溶接缶（丸缶） ツーピース缶 　絞り缶（丸缶・角缶・変形缶）	飲料・一般食品 飲料・一般食品 一般食品
アルミ缶	スリーピース缶 　接着缶（丸缶・角缶） ツーピース缶 　絞り缶（丸缶・角缶・変形缶） 　DI缶（丸缶）	飲料・一般食品 一般食品 炭酸飲料

1) スズメッキした銅板を用いて製造した缶
2) ティンフリースチール缶：クロム処理した銅板を用いて製造した缶

シーム）の違いにより，ハンダ缶，接着缶，溶接缶がある。

　絞り缶は，原板をカップ状に絞り加工したツーピース缶。DI缶（drawn and ironed can）は，絞り缶の缶壁をしごき加工により薄肉化した絞りしごき缶。

　缶蓋は，缶切り不要のプルタブ付きイージーオープン蓋が一般的になった。イージーオープン缶には，蓋全体が開くフルオープンエンド（各種缶詰用）と蓋の一部が開くパーシャルオープンエンド（飲料缶用）のものがある。

　飲料缶にはネックイン缶（neck in can）が多用される。缶胴の開口部を内側に絞り込み，缶胴径を小さくした缶で，絞りの数により，シングル，ダブル，マルチ缶がある。プルタブは散乱しないステイ・オン型を使う。

　缶蓋または缶底には食品衛生法に基づく缶マークが付けられる（図4-5）。

　缶蓋の接合には，二重巻き締め機を用いる。この機械はまず第1ロールで，缶蓋の周縁部と缶胴の縁のわん曲部を結合させ，第2ロールでこの部分を圧着・密封する。

　缶詰の製造工程は，図4-6のようである。缶詰は原料の種類や形状により，

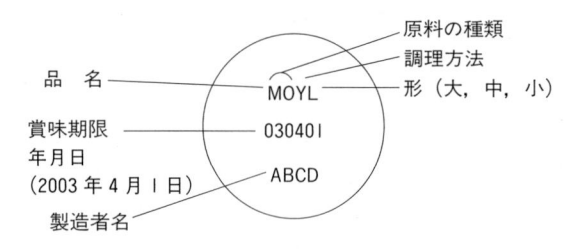

品　名 ── MOYL ── 原料の種類／調理方法／形（大，中，小）
賞味期限年月日（2003年4月1日）── 030401
製造者名 ── ABCD

表示の上段は品名を示し，左2字は原料の種類（MOはみかん），3字目は調理法（Yは果実シラップ漬），4字目は形，大きさ（Lは大）を示す。
中段は賞味期限の年月日，下段は製造者名を示す。

図4-5　缶マークの例

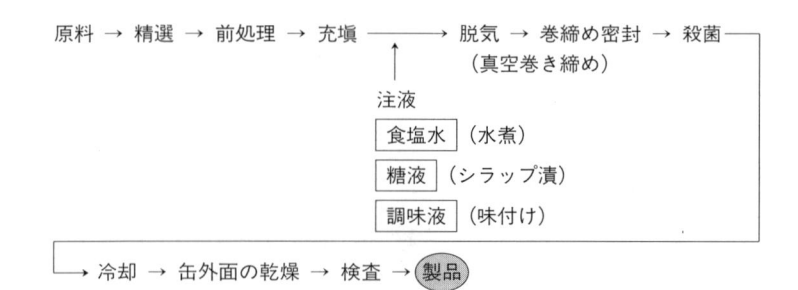

原料 → 精選 → 前処理 → 充填 ──→ 脱気 → 巻締め密封 → 殺菌 ─
　　　　　　　　　　　　　　↑　　　　　（真空巻き締め）
　　　　　　　　　　　　　注液
　　　　　　　　　　　食塩水（水煮）
　　　　　　　　　　　糖液（シラップ漬）
　　　　　　　　　　　調味液（味付け）

└→ 冷却 → 缶外面の乾燥 → 検査 →（製品）

図4-6　缶詰の製造工程

前処理の方法や調理法，使用缶，殺菌法などが異なる。低酸性食品（pH 4.6以上で水分活性が0.94以上の魚介類，野菜，肉類など）ではレトルトを用いて115℃，30〜80分の加熱殺菌が，果実では，90〜95℃で25分程度の加熱殺菌が行われる。

2）びん詰

　ガラスびんには，細口・広口，透明・着色，ファミリーサイズ（大型）・ワンショットスタイル（小型），リターナブル・ワンウェイなど，形状，色，容量，流通形態などの違いによる様々な呼び名のものがある。また，クロージャー（キャップ，蓋，栓）にも，スクリューキャップ，ラグキャップなど使い勝手やデザインに工夫を凝らしたものも多い。

　果実飲料に使われているものの一例を図4-7に示した。

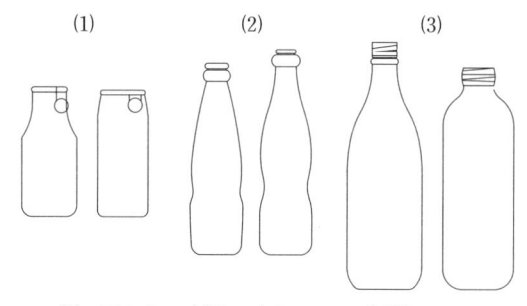

(1) ワンウェイ広口（ワンショット型）
(2) 細口
(3) ワンウェイ広口，細口（大型サイズ）

図 4-7　果実飲料に使用されるガラスびんのタイプ例

3）レトルト食品

　プラスチックフィルム，アルミニウム箔などを積層させた容器（パウチ）に，食品を充塡後，開口部から脱気し，ヒートシールしてから圧力釜（レトルト）で加熱殺菌（110～130℃，20～60分）した食品である。

　容器の素材としては，外層に物理的強度の優れたポリエステルやナイロンが，中間層に，光や酸素を遮断するアルミニウム箔が，内層に熱シール性のすぐれたポリエチレン，ポリプロピレンが使用される。なお，透明な容器では，中間層に塩化ビニリデン，エバールが用いられる。

　カレー，シチュー，ミートソース，おかゆなどの製品が多い。アルミニウム箔積層パウチの食品は，製造後1～2年，透明パウチの食品は製造後数カ月保存できる。

原料の調整 → 混合 → 煮込み → 充塡 → 密封 → 殺菌 → 冷却 → 検査 → ⦿製品
　　　　　　　　　　　　　　　　　　　　回転殺菌機
　　　　　　　　　　　　　　　　　　　120℃ 16～18分
　　　　　　　　　　　　　　　　　　ハイレトルト殺菌機
　　　　　　　　　　　　　　　　　　130℃，6～8分

図 4-8　レトルト食品の製造工程

(9) くん煙 （燻煙；smoking）

　木材（桜，かし，ならなどの広葉樹）のチップやおがくず，もみがらなどを不完全燃焼させて発生した煙で食品をいぶす方法である。食品にくん煙色やくん香がつき，独得の風味が生じる。

　くん製品は，くん煙工程中の乾燥によりその水分活性が低下しており，さらにくん煙成分のアルデヒド類やフェノール類，有機酸が抗菌性を示すので貯蔵性がある。またフェノールとアルデヒドとの反応によりできる樹脂膜がくん製品の表面をおおって食品成分の酸化を防止している。くん煙方法には次のようなものがある。

　① **冷くん法**　15～30℃の温度で1～3週間の間くん煙と乾燥を繰り返す。製品の水分含量は40％以下になるので，長期間の保存が可能となる。ベーコン，ドライソーセージ，ハードスモークサーモンなどの製造に用いられる。

　② **温くん法**　30～80℃の温度で2～12時間くん煙する。製品の水分含量は50～60％で，柔らかく風味がよい。貯蔵の際は冷蔵庫に入れて保存する。ロースハム，ボンレスハムなどの製造に用いられる。

表 4-9　各種おが屑 1 kg より発生する煙の成分(g)

		堅木		もみがら	軟木	
		かし材	さくら材		まつ材	すぎ材
木炭量(残物)		170.0	160.0	4557.5	160.0	158.5
タール	周壁付着性	1.60	1.03	2.82	0.97	1.79
	飛散沈殿性	1.85	1.21	1.16	0.88	0.78
	溶解性	0.83	1.07	0.66	0.46	0.36
ホルムアルデヒド		1.67	1.77	0.96	1.03	0.82
アセトアルデヒド		0.22	0.12	0.50	0.25	0.36
アセトン		0.80	0.90	0.97	0.63	0.77
フルフラール		0.50	0.88	0.54	0.24	0.27
ギ酸		0.05	0.06	0.03	0.03	0.04
酢酸(他の揮発酸を含む)		1.29	1.33	1.30	0.60	0.81

(太田静行)

③ **液くん法** くん液（木材を乾留して得られた液）に食品を一定時間浸漬後，乾燥する。短時間に一定品質の製品を製造することができる。

(10) ガス調節 (gas adjustment)

① **酸素除去** 食品を包装する際に，包装容器内の空気を真空ポンプで脱気して密封する（真空包装）か，脱気した空気の代わりに，窒素，二酸化炭素を充填して密封する（ガス置換包装）ことで，食品成分の酸化や微生物の生育を防止できる。脱酸素剤を用いても同様の効果が期待できる。

② **CA 貯蔵** (controlled atmosphere storage, ガス貯蔵) 食品を貯蔵する倉庫内の大気ガス組成を調節して，長期間良好な状態で食品を保存する方法である。青果物を貯蔵する倉庫内の酸素濃度を大気中の 21％ から 2〜7％ に低下させ，二酸化炭素濃度を 0.03％ から 2〜8％ に増加させて，低温 (0〜3℃) で保存すると，青果物の呼吸は抑制され，長期間保存することができる。この結果，りんご，なしなどの果実を季節はずれの時期にも食べることができる（表 4-10）。

表 4-10 野菜・果実の最適 CA 貯蔵条件と貯蔵期間

品　　名	温度 (℃)	湿度 (％)	ガス組成		貯蔵期間	
			CO_2 (％)	O_2 (％)	CA 貯蔵	普通冷蔵
りんご（紅玉）	0	90〜95	3	3	6〜7(月)	4(月)
（スターキング）	2	90〜95	2	3〜4	7〜8	5
なし（二十世紀）	0	85〜95	3〜4	4〜5	6〜7	3〜4
かき（富有）	0	90〜95	7〜8	2〜3	5〜6	2
いちご（ダナー）	0	95〜100	5〜10	10	4 週	7〜10 日
くり	0	80〜90	5〜7	2〜4	8〜9	5〜6
じゃがいも（男爵）	3	85〜90	2〜3	3〜5	8	6
（メークイン）	3	85〜90	3〜5	3〜5	7〜8	4〜5
ながいも	3	90〜95	2〜4	4〜7	8	4
にんにく	0	80〜85	5〜8	2〜4	10	4〜5
トマト（緑熟果）	10〜12	90〜95	2〜3	3〜5	5〜6(週)	3〜4(週)
レタス	0	90〜95	2〜3	3〜5	3〜4(週)	2〜3(週)

③ **MA貯蔵**（modified atmosphere storage）　青果物を各種のプラスチックフィルム（表4-11）で包装して貯蔵する方法である。プラスチックフィルムは，青果物からの水分の蒸発を抑えるとともに，フィルム内のガス組成を，大気ガス組成と代えてCA貯蔵と同様の効果を上げる。

表4-11　収縮包装用フィルムの特性

フィルム 30μ	引張強さ kg/cm²	伸び %	衝撃強さ kg/cm	引裂強さ g	収縮温度 °C	収縮応力 kg/cm³	透湿度 g/m²/24hr	ガス透過率 cc/m²/24hr		
								N_2	O_2	CO_2
延伸ポリ塩化ビニール	900	40	15	4	60〜	10〜20	35	0.3	3.0	15
延伸ポリプロピレン	1,800	50〜100	14	10	100	20〜40	9	15	85	250
延伸ポリエステル	2,200	110	25	15	80	50〜100	28	1.3	3.0	13
延伸ポリスチレン	800	5	1.5	3	100	5〜10	85	330	230	1,000
ポリ塩化ビニリデン	500〜1,400	70	10	1	65〜100	〜10〜	3	0.07	0.3	1.6
延伸ポリエチレン	〜200〜	500	—	80	110	3＞	25	110	240	830
架橋ポリエチレン	500〜1,300	—	—	—	70〜120	〜100〜	—	—	—	—

（三浦敏男：食の科学 61）

④ **エチレンガス吸収剤**　エチレンガスは果実の追熟を促進する。エチレンガスをエチレンガス吸収剤（活性炭，合成ゼオライト，塩化パラジウムなど）で除去することにより，果実の過熟による鮮度低下を防止することができる。

(11) 放射線（radiation）

電磁波性放射線には，可視光線，紫外線，X線，γ（ガンマー）線などが含まれる。食品の殺菌には，このうち紫外線，γ線が利用される。

紫外線は，400 nm以下の短波長の光であるが，260〜280 nmの紫外線は，強い殺菌作用を示す。これは紫外線が微生物細胞内のDNAに損傷を与え，致死効果を示し，突然変異も起こすと考えられている。紫外線は食品などへの表面殺菌に利用できるが，ガラスなどへの透過力はないので，ガラス容器内の食品は殺菌できない。

γ線は，より短波長の電磁波で，透過力が強く，食品の殺菌，殺虫，熟度調

節，発芽抑制などに利用できる。γ線には，^{60}Co（コバルト60）や^{137}Cs（セシウム137）が使われる。

(12) 食品添加物 (food additives)

食品衛生法（第2条2項）に規定されている添加物を用いて，食品の保存性を高める方法である。食品添加物は，静菌作用を示すので，微生物は増殖せず，食品の腐敗を防止できる。食品添加物は，使用基準（食品衛生法第7条）に従って使用しなければならない（付表参照）。

① **保存料**　微生物の繁殖を抑制して食品の腐敗を防止する食品添加物で，安息香酸およびそのナトリウム塩，ソルビン酸およびそのカルシウム塩，プロピオン酸およびそのカルシウム塩，ナトリウム塩などがある。

② **殺菌料**　食品原料，食品製造機器，容器などに付着している微生物を殺菌するために用いられる食品添加物で，過酸化水素，次亜塩素酸ナトリウム，高度さらし粉などがある。

③ **防かび剤**　特にかんきつ類にかびが繁殖するのを防止して，食品の貯蔵性を高める食品添加物で，イマザリル，オルトフェニルフェノールおよびそのナトリウム塩，ジフェニル，チアベンダゾールなどがある。

④ **酸化防止剤**　食品の酸化による品質の劣化を防止するために食品に添加される物質で，アスコルビン酸，エチレンジアミン四酢酸カルシウム二ナトリウム（EDTA・Ca・2Na），ジブチルヒドロキシトルエン（BHT），エリソルビン酸などがある。

(13) 遮光 (shade)

食品を金属容器や褐色びん，アルミニウム箔を用いたレトルトパウチなどに入れて保存すると，光を遮断できるので，光による食品成分の変化（ビタミンの分解，脂質の変敗など）を防止することができる。

(14) ろ過除菌(removal of microorganism by filtration)

　液状の食品に含まれる微生物は，セラミックフィルター（多孔質のセラミックで成型したろ過膜）や，メンブレンフィルター（酢酸セルロースやナイロンでつくられた精密ろ過膜）でろ過することにより取り除くことができる。加熱による変性がないので，ビール，清酒，しょう油，果汁などのろ過除菌に用いられる。

各論

- 第 1 章　調理加工品
- 第 2 章　農産加工品
- 第 3 章　畜産加工品
- 第 4 章　水産加工品
- 第 5 章　調味料
- 第 6 章　香辛料
- 第 7 章　甘味料
- 第 8 章　嗜好性食品
- 第 9 章　食用油脂
- 第 10 章　新類型加工食品

第 I 章

調理加工品

1. 冷凍食品

　氷結点以下の温度で凍結保存した食品。種々の冷凍食品の定義についての各種機関の共通項目は次のようである。

① 前処理を施した食品（食品素材の不可食部を除き，可食部を小さくカットしたり，下処理したもの）

② 急速凍結された食品（食品を急速凍結して最大氷結晶生成帯を短時間に通過させ，食品中の水を微細な氷結晶にする。この結果組織の損なわれ方が少なく，品質のよい冷凍食品になる）

③ 包装された食品（消費者が使用するまで微生物による汚染や傷み，食品成分の酸化がないよう包装する）

④ 品温−18℃以下で保存（冷凍食品を−18℃以下で保存すると，およそ1年間その品質が保たれる）

　日本冷凍食品協会が認定した工場で生産された冷凍食品には，認定証マークが付けられている（図1-1）。一般の冷凍食品の衛生基準は，検体1g当たり細菌数300万以下，大腸菌群は陰性である。また加熱処理してあるものや，生食

図 1-1　認定マーク

用の鮮魚介類では，検体1g当たり細菌数10万以下，大腸菌群陰性である。

(1) 冷凍食品の分類 （日本冷凍食品協会）

① **調理冷凍食品** 水産，農産，畜産の原材料を用いて調理加工したもの。解凍したり油であげることですぐ食べることができる。フライ類（天ぷら，揚げもの類）とフライ類以外の調理食品（米飯類，ハンバーグ類，しゅうまい・ぎょうざ・はるまき類，めん類，ピザ類，シチュー・グラタン・スープ類など）に分けられる。

② **水産冷凍食品** 水産物を下処理して冷凍したもの。むきえび，貝類，鮭切り身などがある。

③ **畜産冷凍食品** 畜産物を下処理して冷凍したもの。食鳥類，肉類の加工品がある。

④ **農産冷凍食品** 農産物を下処理して冷凍したもの。ポテト，豆類，ほうれんそう，コーン，さといも，かぼちゃ，ブロッコリー，果実類などがある。

⑤ **菓子類**

このうち，調理冷凍食品が80％以上を占める。

(2) 冷凍食品の製造法

野菜類は，契約栽培された品種のものが，加工に適当な時期に収穫される。しかし収穫後も野菜の組織の中では酵素が働き，栄養成分が消費され，水分も蒸散していく。そこで野菜を冷凍する際には，予め野菜を短時間沸騰水の中に漬けるか，蒸煮して酵素を失活させる。この工程をブランチングという。ブランチングにより原材料に付着している微生物も殺菌され，原料組織も脱気され，組織も軟化して凍結耐性が向上する。この後，野菜は冷却後，インラインフリーザーにより連続的に急速凍結（送風凍結あるいは液体窒素，液化炭酸などによる凍結）される。たまねぎ，ピーマン，パセリはフレーバーが強く，酵素活性は弱いものが多いのでブランチング処理を必要としない。

原料選別 → 水洗 → ブランチング → 冷却 → 水切り → 凍結 → バルク保管 → 計量 → 包装 → 金属探知 → 製品（冷凍保管）

図 1-2　冷凍枝豆の製造工程

果実は，ブランチング処理するとみずみずしさが失われるので，凍結前にブランチング処理するものは少ない。

ハンバーグなどでは，原材料を混合・成形後，焙焼してハンバーグの中心温度を 70～80℃まで上げ，殺菌してから冷却，急速凍結している。冷凍ハンバーグの製造工程は以下のようである。

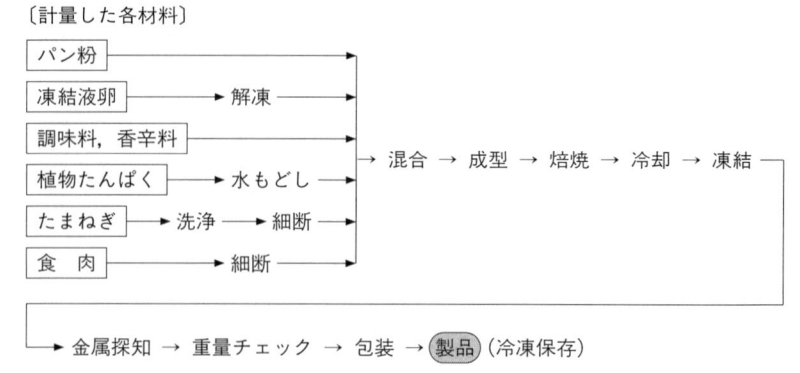

〔計量した各材料〕
パン粉
凍結液卵 → 解凍
調味料，香辛料
植物たんぱく → 水もどし
たまねぎ → 洗浄 → 細断
食肉 → 細断
→ 混合 → 成型 → 焙焼 → 冷却 → 凍結 → 金属探知 → 重量チェック → 包装 → 製品（冷凍保存）

図 1-3　冷凍ハンバーグの製造工程

(3) 冷凍食品の品質保持

冷凍食品は，その貯蔵温度や貯蔵期間により品質の変化が異なる。グリンピースでは，図 1-4 のように，貯蔵温度が －18℃ であれば，中に含まれるアスコルビン酸は 1 年たってもほとんど破壊されない。しかし貯蔵温度が －12℃ では，アスコルビン酸は，1 年たつと元の 25％ しか残存しない。一方まぐろでは，表 1-1 のように，貯蔵温度を －65℃ まで下げると，ミオグロビンのメト化を防止でき，3 カ月たっても魚肉は鮮赤色を保持している。各冷凍食品の貯蔵温度と，品質保持期間の関係を表 1-2 に示した。

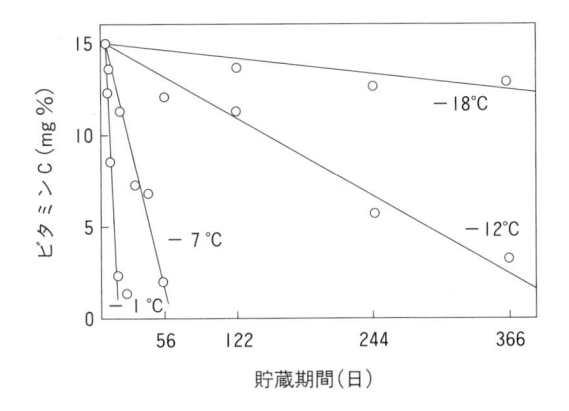

図 I-4　冷凍貯蔵中のグリンピースのビタミンCの変化

表 I-1　まぐろの貯蔵温度と肉色

保蔵温度	肉　　色
−20℃	黒褐色
−30℃	褐赤色
−35℃	やや不十分ながら赤色
−50℃	同　上
−65℃	鮮赤色
−76℃	鮮赤色

3カ月間冷凍貯蔵
［特許：416082号，大洋漁業(株)］

(4) 冷凍食品の解凍法

①　**緩慢解凍**　比較的時間をかけて解凍する方法である。低温解凍，自然解凍，流水解凍，砕氷中解凍などがある。低温解凍は，冷蔵庫中（5℃前後）でゆっくり解凍する方法で，肉や魚の細胞中の氷が融けて水が組織に再度吸収されるのでドリップも少なく，肉質もよい。

②　**急速解凍**　短時間に最大氷結晶生成帯を通過させて解凍する方法で，加熱解凍（オーブン解凍，スチーム解凍，ボイル解凍，油調解凍），電子レンジ解凍，加圧空気解凍などがある。ブランチング処理後冷凍してある青果類，調理冷凍食品に用いられる。

表 1-2 冷凍食品の品目別貯蔵温度と品質保持期間との関係

品 目	保存温度 −18°C (0°F)	期間 −23°C (−10°F)
	月	月
[魚 類]		
多脂肪のもの	6〜8	10〜12
少脂肪のもの	10〜12	14〜16
[えび類]		
いせえび (ロブスター)	8〜10	10〜12
生のえび (シュリンプ)	12	16〜18
[果実類]		
あんず	18〜24	24
スライスしたもも	18〜24	24
ラズベリー (木いちご)	18	24
スライスしたいちご	18	24
[肉 類]		
ローストビーフ	16〜18	18〜24
羊肉	14〜16	16〜18
ローストポーク	8〜10	12〜15
ポークソーセージ	4〜6	8〜10
[家禽類]		
ローストチキン類	8〜10	12〜15
[野菜類]		
アスパラガス	8〜12	16〜18
いんげん，さやいんげん	8〜12	16〜18
ライマビーン	14〜16	24 以上
ブロッコリー	14〜16	24 以上
芽キャベツ	8〜12	16〜18
カリフラワー	14〜16	24 以上
軸付きコーン	8〜10	14
カットコーン	24	36 以上
にんじん	24	36 以上
マッシュルーム	8〜10	12〜14
グリーンピース	14〜16	24 以上
かぼちゃ類	24	36 以上
ほうれんそう	14〜16	24 以上

W. B. バン・アースデル，M. J. コプレー，R. L. オルソン共著：冷凍食品の安定性 (Quality and Stability of Frozen Food) より抜粋。

2. インスタント食品

　熱湯や牛乳を加えたり，沸騰水中で温めたり，電子レンジで加熱することで食べることができる食品。貯蔵性があり，携帯，輸送しやすい。代表的なものに，乾燥して常温で流通，保管される乾燥食品，即席めん類，即席カレー，インスタントコーヒー，粉末ジュース，粉末みそ汁，粉末スープなどがある。この他に缶詰，びん詰，袋詰食品やピザ，ピラフのような冷凍食品もこの範囲に入るが，わが国では別品目として扱うことが多い。

(1) 即席めん類の製造法

　小麦粉に食塩，かん水，水を加えて混ねつした生地をロールに通して2枚のめん帯に圧延する。さらにこれを1枚に合わせて圧延し，圧延しためん帯を切り刃で切り出す。切り出しためん線を蒸し器で蒸煮し，小麦粉のでんぷんをα化させる。α化しためん線を一定の長さに裁断し，1食ずつ型詰めする。

　蒸しめんは自動油あげ装置を用いて140〜150℃で1〜2分間油で揚げるか，熱風乾燥する。冷却後，調味料（スープ）や，かやくを加えてポリプロピレンの袋に包装する[1]。

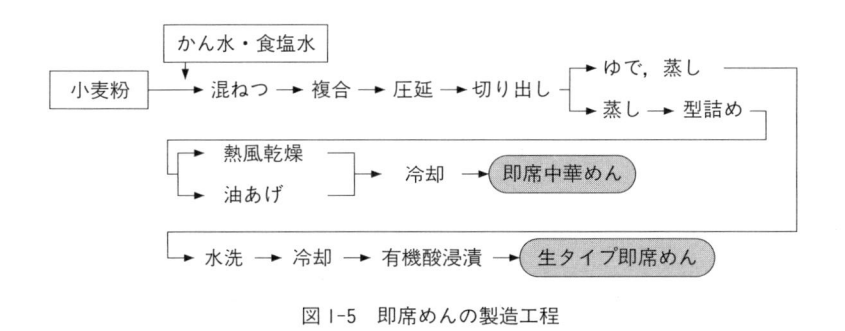

図 I-5　即席めんの製造工程

---

1) 賞味期限は製造後6カ月である。

生タイプ即席めんでは，切り出しためんを一定時間ゆでまたは蒸した後，水洗冷却し，10℃程度の有機酸液（1.5％乳酸溶液など）につけてめんのpHを4.5以下にする。これをナイロンなどを基材とするラミネート袋に充填し包装する。

（2）インスタントコーヒーの製造法

　コーヒー豆を焙煎，粉砕後，熱水抽出した液を噴霧乾燥（スプレードライ）するか，凍結乾燥（フリーズドライ）したもの。噴霧乾燥した製品は，細かい粉末で香気成分が一部失われるが，凍結乾燥した製品は，顆粒状で，特有な芳香が保たれていて風味もよい。

　カフェインレスの製品を製造する際には，コーヒー豆の段階で水につけるか，炭酸ガスなどの超臨界ガスを用いてカフェインを除く。この後豆を焙焼して前述と同様にインスタントコーヒーを製造する。

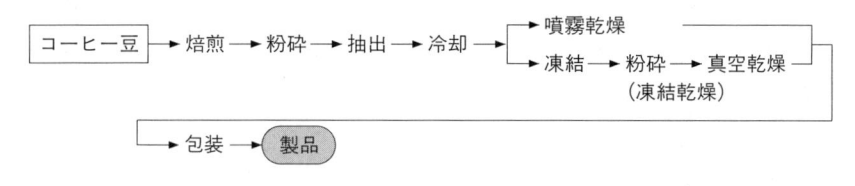

図 1-6　インスタントコーヒーの製造工程

　インスタントコーヒーの中に含まれる水分の量は，1％以下で吸湿しやすい。開封後は，酸素や水分の影響により徐々に風味が低下していく。そこで開封後の保存には，キャップをしっかりしめて冷蔵庫内（低温）で保存するのがよい。

3．缶詰，びん詰，レトルト食品

（1）缶詰，びん詰，レトルト食品の種類

　使用する原料の種類により，農産，畜産，水産の各製品があり，缶詰，びん

詰では，肉詰め後の注液物により，水煮，油漬，シラップ漬，トマト漬などがある。一方，レトルト食品では，米飯類，カレー，ハヤシ，パスタソース，シチュー，スープ，ハンバーグステーキ，マーボ豆腐の素，どんぶりものの素などがある。

(2) 缶詰の変質

　缶詰の品質の良否は，① 打検検査，② 真空度の測定，③ 恒温試験（35℃，14日間），④ 無菌試験，⑤ 耐圧性の検査，⑥ 巻締めの検査，⑦ 食品中への溶出金属の測定により判断される。

　缶詰の変質原因は以下のようである。

　① **缶詰の加熱殺菌が不十分**であるか，**巻締めが不良**であると，缶の中で微生物が繁殖して，ガスや酸を生成し缶が膨張する。また缶の材料と有機酸が反応して水素ガスが発生し膨張する場合もある。

- フリッパー：容器の蓋，底いずれか一方がわずかに膨らんでいて，膨らんでいる方を押すと正常の外観に戻るもの。
- スプリンガー：容器の蓋，底いずれかの一方が膨れていて，膨らんでいる方を押すと他端が突出するもの。
- スウェル：容器の蓋，底の両方が膨らんでいるもの。

　② **フラットサワー変敗**　　缶詰の加熱殺菌が不十分な時，耐熱性のバチルス属の細菌の芽胞が残存していて酸を生成し，内容物が変質する。ガスはほとんど発生しない。スイートコーン，鶏肉水煮，みつ豆などの缶詰でみられる。

　③ **変色，変質**　　缶詰の種類により，含硫アミノ酸と缶材との反応による黒斑（かに缶詰）や，アントシアニンと缶材のスズとの反応による紫変（もも缶詰），トリメチルアミンオキシドとミオグロビンの反応による青変（まぐろ缶詰），アミノ酸と糖との反応による褐変などが生じる場合がある。みかん缶詰では，ヘスペリジンがシラップに析出して白濁する場合があり，たけのこではチロシンが結晶化して白濁を起こす場合がある。

　ブリキ缶入りの果実缶詰を，開缶後そのままに処置しておくと，缶にメッキ

してあるスズが空気の影響で，シラップ中に溶出する。そこで一般に，缶詰は開缶したら内容物をガラスなどの別の容器に移して保存した方がよい。

(3) レトルト食品の特徴

レトルト食品は，① 食品を気密性のある容器に入れて，加圧加熱殺菌してあるので，常温で流通でき，約2年間保存できる。② レトルトパウチの素材は，プラスチックやアルミニウム箔であるので軽く，開封しやすく，処理も簡単である。③ 容器の厚さが薄いので，短時間で加熱殺菌できる。使用する際も短時間で温めることができる。

しかしレトルト食品加工の際の，加熱殺菌が不十分であると，缶詰と同様に中身の腐敗や膨張がみられる。

レトルト食品を加温する際に，アルミニウム箔を用いたレトルトパウチ食品は，電子レンジでは直接加熱できない。この袋内の食品は，他の容器に移してラップなどでおおって加温する。プラスチックフィルムラミネートのレトルトパウチ食品は，そのまま電子レンジで加温できる。いずれの素材のレトルトパウチ食品も，湯中で加温する際には，未開封の容器ごと，3〜5分間沸騰水中で行う。

4. そ う 菜

毎日の食事の副食物，おかずの意味。魚の塩焼き，煮豆，唐あげ，サラダ，酢の物など多種類がある。そう菜商品は，家庭に比べて多量につくられていて衛生面でも配慮されている。現在は弁当，おにぎり，サンドイッチなど主食的なものも多く，多様なそう菜がコンビニ (CVS)，スーパー，デパート，そう菜店などで販売されている。経済性，利便性に優れ，「中食」と呼ばれて拡大の一途にある。

(1) そう菜の種類（厚生省「弁当および惣菜の衛生規範」）

① 煮物…煮豆，うま煮，煮しめ，甘露煮，湯煮など
② 焼物…直火焼き：焼き魚，うなぎ蒲焼，焼き鳥
　　　　 間接焼き：ホイル焼き
　　　　 いため物：ぎょうざ，レバー炒め，にら炒め
③ 揚物…唐揚げ，コロッケ，天ぷらなど
④ あえ物…ごまあえ，サラダなど
⑤ 酢の物…たこの酢の物，酢れんこん

そう菜は種類が多いので，製造工程はそれぞれ異なるが，一般的な製造工程は以下のようである。原材料の受け入れから出荷までの各工程で品質検査が行われる。流通も低温温度帯（10℃以下）で行われるものが多い。

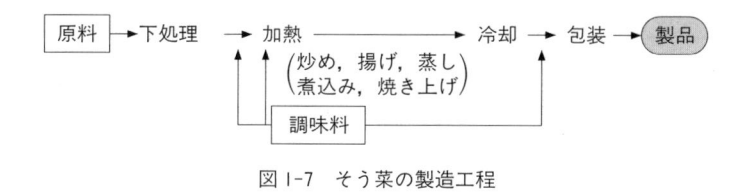

原料 → 下処理 → 加熱 → 冷却 → 包装 → 製品
　　　　　　　　（炒め，揚げ，蒸し
　　　　　　　　　煮込み，焼き上げ）
　　　　　　　　　調味料

図 I-7　そう菜の製造工程

(2) そう菜の保存性

弁当や生めんと同様に，そう菜も品質の変化が速いので，飲食可能な期限として消費期限年月日が表示される。製造日から消費期限までの日数はおおむね5日以内である。

そう菜の包装容器に貼付してあるラベルには，以下のような表示事項が記載されている。① 名称，② 内容量，③ 添加物名，④ 期限表示，⑤ 保存方法，⑥ 製造所在地，⑦ 製造者，販売者の氏名である。

そう菜を購入した際には，保存方法に従って保存し，消費期限内に食べる必要がある。

第2章 農産加工品

農産加工品には，穀類，いも類，豆類，野菜類，果実類，きのこ類がある。でんぷん質を主食とするもの，糖化して甘味料に使うもの，難消化性の炭水化物を除いて良質なたんぱく質や脂質を利用するもの，多穫期（旬）に採取して色・香り・風味などの個性を保存して楽しむものなど多彩である。

1．穀類の加工品

穀類は，イネ科に属する，米，小麦，とうもろこし，大麦などの乾燥種実。タデ科のそばも含む。

でんぷん質で，収量が多く，輸送性や貯蔵性に優れ，味は淡泊。簡単な加工で食用になる。飼料として動物性たんぱく質の原資にもなる。人類にとって最も重要な食糧である。

(1) 米の加工品

米は米飯用が90％以上を占める。主食用の他，冷凍・レトルト製品，無洗米，強化米，α米などがある。

その他，清酒，焼酎，みりん，食酢，米みそなどの醸造食品，上新粉，白玉粉，みじん粉，道明寺粉など製菓原料粉が作られる。

1）精　米

米の流通・貯蔵は玄米の形で行われる。玄米は籾米（もみまい）を脱穀（だっこく）して籾殻（もみがら）を除いたもので，胚乳の他，ぬか層（5～6％）と胚芽（2～3％）を含む。消化や食味に難点。

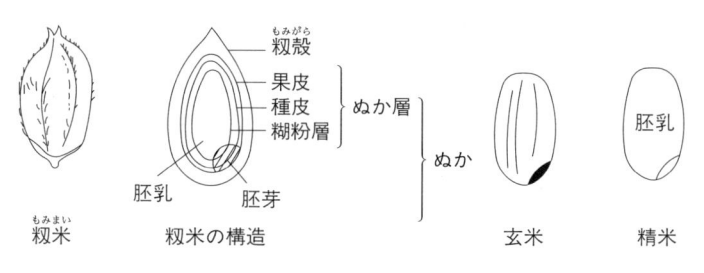

図 2-1　籾米・玄米・精米

　精米は，玄米を精米機にかけ，摩擦・擦離・切削・衝撃作用で，ぬか（ぬか層と胚芽）を除去したもの（図2-1）。この操作を精米（搗精）という。店頭に出す直前に行い，消費者用に袋詰めする。

　玄米は低温貯蔵（温度10～15℃，相対湿度70～80％）される。精米すると生命力を失い，急速に食味の劣化が進む。精米の袋には，精米（搗精）年月日の記載がある（賞味期限表示はない）。低温に置き，精米後20日以内に食べるとよい。

　玄米から得られる精米の割合を，搗精歩留り（精米歩合）という。精米の歩留りは90～92％である。ぬかには脂質やビタミンB群が多い。ぬかを50％除いた半つき米（歩留り95～96％），70％除去した七分つき米（歩留り93～94％），胚芽を残すように精米した胚芽精米（歩留り91～93％）などがある。

　清酒の特定名称酒は，酒造用米の精米歩合を製造基準で定めている。純米酒・本醸造酒は70％以下，吟醸酒は精米歩合60％以下，大吟醸酒は50％以下である。

2）米　　飯
　精米を水で研ぎ，1.2倍容の水を加えて炊飯する。精米の2.35倍容の米飯ができる。わが国の主食。冷凍米飯，レトルト米飯としても多用される。

3）無　洗　米
　精米時に粘着性の高いぬかを加えて吸着させ，表面のぬかを完全に除去したもの。通常の精米では，ぬかが表面に少量残り，炊飯前に水で研ぐ必要がある。

無洗米は研がずに，そのままで炊飯できる。研ぎ汁に流失するぬかがない分，通常の精米より多めの水で炊飯する。

精米を研ぐ手間を省き，研ぎ汁による環境汚染も防止できることから需要が増大している。

4）強化米

プレミックス米（premixed rice）とパーボイルド米（parboiled rice）がある。

プレミックス米は，精米をビタミン B_1，B_2 などの濃厚溶液に浸漬，蒸熱，乾燥し，これに不溶性たんぱく質溶液を噴霧して乾燥したもの。精米に1/200の割合で混炊する。日本型米が中心。学校給食などに利用される。

パーボイルド米は，脱穀前の籾米を蒸煮後，乾燥する。胚乳が強固になると同時に，ぬか層のビタミンが移行してくる。砕け米になりやすいインド型米で行う。着色，着臭するので日本では利用しない。

5）α 米

炊飯した米飯を80～130℃で，水分5％程度まで急速乾燥したもの。α化でんぷんを保持したインスタント米。保存性も高い。

6）米の粉

うるち米，もち米，生米のまま，加熱してα化したものの粉など各種ある。生米から作るものに，うるち米の上新粉，もち米の白玉粉（寒晒粉）など，α化した，もち米から作るものに，みじん粉（寒梅粉，春雪粉），道明寺粉などがある。いずれも和菓子原料にされる。

7）ビーフン（米粉）

インド型米を水挽きし，蒸煮し，細孔から押し出してめん線を作る。再び蒸煮後，乾燥した製品。中華料理に用いる。

(2) 小麦の加工品

小麦には，普通小麦（パン，めん用），デュラム小麦（パスタ用），クラブ小麦（菓子用）がある。外皮が強靱で，胚乳が脆く砕けやすいため，粉砕，製粉し小麦粉にして利用する。しょう油原料には丸小麦が使われる。

1）小　麦　粉

小麦粉の製造工程を図2-2に示した。

原料小麦は，まず，製品の均質化のためにブレンドし，夾雑物を除く。次いで，加温調湿により胚乳と皮部の分離をよくし，ロール製粉機にかける。皮部を細片にしないよう歯立ロールで粗砕したものを，篩別して滑面ロールにかける。この操作を数回行って小麦粉と麩（ふすま）に分ける。

製粉直後の小麦粉は，製パンや製めんなどの加工適性が劣る。空中の酸素による酸化作用で7〜10日熟成を行う。

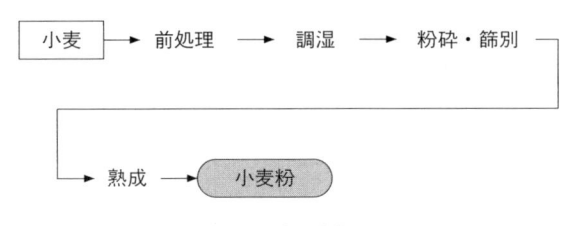

図2-2　小麦の製粉工程

小麦粉の製粉歩留りは小麦粉の用途により異なるが，70％前後のものが多い。小麦粉は，湿麩（しつふ），たんぱく質含量により分類され，灰分によって等級が決まる。パン用，めん用，製菓用など，それぞれに適した粉が選択される（表2-1）。

湿麩は，小麦粉を水と混捏（こんねつ）して生地（きじ）（dough）を作り，流水中ででんぷんと可溶性成分を洗い流すと得られる。弾力性の強いグルテニンと伸展性のあるグリアジンの混合物。小麦たんぱく質の80％を占め，生地の粘弾性を決めるグルテンを形成する。

2）パ　　ン

小麦粉に，水，酵母，食塩を加えて生地を作り，発酵させた後，焼成したもの。副原料に，糖類，油脂，乳製品，イーストフードなどを用いる。

パン酵母は *Saccharomyces cerevisiae*（サッカロミセス・セレビシエ）である。イーストフードは，種々の無機質や酵素剤が配合されたもの。生地の品質を改善し，酵母の発酵を促進させ

表 2-1 小麦粉の種類と用途

種類	等級	湿麩(%)	たんぱく質(%)	灰分(%)	用途例
強力粉	1	38〜42	11.5〜12.5	0.38	フランスパン,食パン
	2	43〜47	12.0〜13.0	0.60	食パン,菓子パン,そばのつなぎ
	3	48〜52	14.0〜15.0	0.96	焼麩,小麦たんぱく食品,飼料
準強力粉	1	36〜38	10.5〜11.5	0.42	生中華,皮類,菓子パン
	2	34〜36	11.0〜12.0	0.55	パン粉
	3	—	13.0〜14.0	—	パン粉
中力粉	1	24〜26	7.5〜10.5	0.38	そうめん,冷麦,即席めん
	2	30〜32	8.0〜10.5	0.55	クラッカー,一般菓子,うどん
	3	30〜32	9.5〜10.5	0.75	一般菓子,飼料
薄力粉	1	18〜20	6.5〜7.5	0.35	カステラ,ケーキ,ビスケット,クッキー,天ぷら,まんじゅう
	2	24〜26	7.5〜8.5	0.55	一般菓子,ハードビスケット
	3	—	8.5〜9.5	—	一般菓子,ハードビスケット
デュラムセモリナ	1	43〜47	12.0〜13.0	0.70	マカロニ,スパゲティ
	2	43〜47	12.0〜13.0	0.70	マカロニ,スパゲティ
	3	48〜52	14.0〜15.0	0.90	飼料

る目的で加える。酵母の発酵により二酸化炭素とアルコールが生成される。二酸化炭素が生地中のグルテン組織を膜状に押し広げて膨化させ,アルコールは風味をよくする。

副原料を控えたリーンパン (lean bread) と副原料を豊富に使ったリッチパン (rich bread) がある。また,焼成法の違いにより,型焼きパン (食パン),天板焼きパン (ソフトロール),直焼きパン (ハードロール),菓子パンなどに分類する。

その他,酵母の代わりにベーキングパウダーを用いたもの,これらを全く使わない無発酵パン,ライ麦粉で作った黒パン,大麦・えん麦・とうもろこし粉などで作った雑穀パンなどがある。

製パン法 製造規模やパンの種類により異なる。生地の製法には次の方法がある。

・直捏法(ストレート法):原料の全量を同時に混捏して生地を作り発酵させる

1. 穀類の加工品

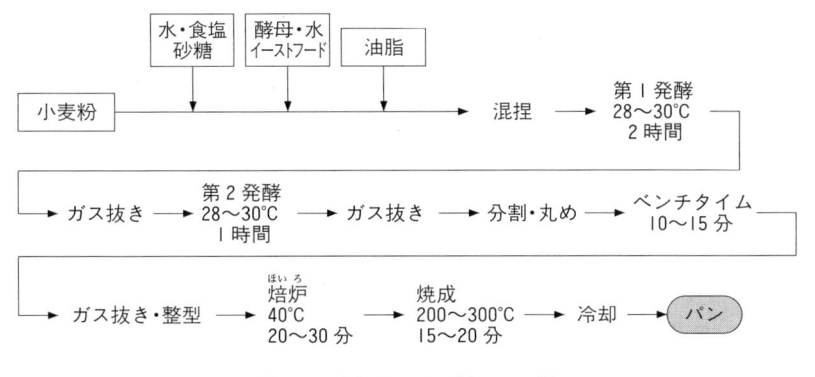

```
小麦粉 ──────────────────────→ 混捏 → 第1発酵
         ↑      ↑     ↑              28〜30℃
      水・食塩  酵母・水  油脂            2時間
       砂糖   イーストフード
                                        │
  ┌─────────────────────────────────────┘
  │
  └→ ガス抜き → 第2発酵 → ガス抜き → 分割・丸め → ベンチタイム
              28〜30℃                           10〜15分
               1時間                               │
  ┌─────────────────────────────────────────────┘
  │
  └→ ガス抜き・整型 → 焙炉 → 焼成 → 冷却 → パン
                    40℃    200〜300℃
                   20〜30分  15〜20分
```

図 2-3　直捏法による製パン工程

方法（図 2-3）。発酵時間が短く小麦粉の特徴を生かしたパンができる。酵母の発酵力，時間，温度による影響が大きく量産には不適。

- 中種法（スポンジ法）：原料小麦粉の 40〜70％，酵母，イーストフード，水を混捏して中種生地を作り，24〜25℃で 1〜4 時間発酵させる。これに残りの小麦粉と副原料を配合して本捏を行う。量産に適する。
- 液種法：酵母，糖類，水で予め発酵させた酵母液を用いる。短時間でできるが，パンの風味に欠ける。ADMI 法，ブリュー法などがある。
- 冷凍生地法：耐凍性に優れた酵母で作った凍結貯蔵生地を使う。解凍，焼成し，焼き立てパンとして利用される。
- サワードウ法：酵母の代わりに乳酸菌・酢酸菌を用いて発酵させる。ライ麦パンの製造に使われる。

3）めん類

小麦粉（そば粉，でんぷん，米粉など）に，食塩，かん水，水などを加えて練り合わせ，細長い線状，管状，その他の形状に成型したもの。成型法の違いにより，切り出し式（うどん，ひやむぎ，そうめん，中華めん，そば），押し出し式（マカロニ，スパゲティ，はるさめ，ビーフン），撚り延べ式（手延べそうめん）に分類する。生めん，ゆでめん，乾めんがある。

① **乾めん**　中力粉 100 に対して食塩 3〜4，水 30〜40 で生地を作り，め

ん帯を線状に切り出す（生めん）。これを乾燥した製品。日本農林規格（JAS）により，乾めんは次のように規定されている。

- うどん：長径1.7 mm 以上3.8 mm 未満，短径1.0 mm 以上3.8 mm 未満のもの。
- 平めん：長径4.5 mm 以上，厚さ2.0 mm 未満の帯状のもの。
- ひやむぎ：長径1.3 mm 以上1.7 mm 未満，短径1.0 mm 以上1.7 mm 未満のもの。
- そうめん：長径および短径ともに1.3 mm 未満のもの。

② **中華めん**　強力粉または準強力粉100に対し，かん水0.8〜1.2，水30〜35で，うどん同様に作る。かん水のアルカリにより，グルテンの伸展性が増し，でんぷんの糊化も容易になる。また，小麦粉中のフラボノイド色素が黄変する。

③ **マカロニ類**　デュラム小麦のセモリナ100に対して水25〜30を加えて生地とする。減圧下で脱気後，高圧で口金（ダイス）から押し出す。低温多湿下で徐々に乾燥させる。

JASにより次の種類と規格がある。

- マカロニ：2.5 mm 以上の太さの管状またはその他の形状（エルボウ，シェル，ホィール，アルファベット，リング，スター）のもの。
- スパゲティ：1.2 mm 以上の太さの棒状または2.5 mm 未満の太さの管状のもの。
- バーミセリー：1.2 mm 未満の棒状のもの。
- ヌードル：帯状のもの

④ **そば（そば切り）**　そば粉はグルテンを形成しない。つなぎの小麦粉を加えたもの100に対して水40で生地を作り，めん帯を線状に切り出す。

つなぎ用の小麦粉は20〜80％加え，二八そば（そば粉80％），等割そば（そば粉50％）などと呼ぶ。つなぎには，他に卵白，やまいも，でんぷん，もち草，山ごぼうの葉，グルテンパウダーなどが使われる。

子葉や皮部の混入した粉を用いた藪そば系，胚乳部の多い粉を用いた更科そ

ば系がある。

⑤ **手延べそうめん類**　強力粉，準強力粉100に対して食塩6，水45～50で生地を作る。5～6 cmの太さの紐状に切り，食用油を塗りながら撚りをかけて引き伸ばす。乾燥，箱詰め後，半年ほど貯蔵熟成すると，油臭さが抜け弾力性が出て食味が向上する。この品質変化を厄(やく)という。

JASにより次の種類と規格がある。
- 手延べそうめん：直径1.3 mm未満の丸棒状のもの。
- 手延べひやむぎ：直径1.3 mm以上1.7 mm未満の丸棒状のもの。
- 手延べうどん　：直径1.7 mm以上の丸棒状のもの。

4）小麦たんぱく質（植物性たんぱく）

「植物性たんぱく」は，小麦や大豆を原料にして，たんぱく質含有率（無水物換算）を50％以上に高めたもので，ゲル形成性，乳化性，かみごたえ，保水性など特有な機能をもつ（JAS）。粉末状，ペースト状，粒状，繊維状，調味粒状，調味繊維状の製品がある。

練り製品，ハム，ソーセージ，アイスクリーム類，冷凍食品（ハンバーグ，ミートボールなど），スナックめんの具などに使われる。

5）麸

生麸(なまふ)は，湿麸（麸質・グルテン）に小麦粉を混合，成型してゆでたり蒸したりしたもの。焼麸(やきふ)は，生麸に小麦粉，もち米粉，ベーキングパウダーを混合，焼いて膨らませたものである。

湿麸を作る時，沈殿，分離したでんぷんを正麸(しょうふ)という。

6）コーンカップ

アイスクリーム類（ソフトクリーム，アイスもなかなど）の容器。小麦粉を主体に，コーンスターチ，砂糖，油脂，ベーキングパウダーなどを混合，成型して焼成する。焦げ臭の香ばしさと乾いた食感が，アイスクリーム類の風味を強調する。

(3) その他の穀類の加工品

とうもろこし，大麦，えん麦などの製品がある。

1) とうもろこしの加工品

コーンスターチは，とうもろこしを亜硫酸液に浸漬後，胚芽を除き，粉砕，篩別，遠心分離処理して作るでんぷん。でんぷん利用の各分野で広く用いられる。糊の粘度が低く，わが国ではビール製造の副原料にも使われる。

亜硫酸浸漬で溶出した可溶性成分は，真空濃縮してコーンスティープリカーとする。酵母やアミノ酸発酵などの基質に利用される。

胚芽は40〜55％の脂質を含む。圧搾または圧油法によりコーンオイルを作る。サラダ油として利用する。

その他，コーンミール（粉砕し，皮と胚芽を除いたもの），コーンフラワー（粗砕した後，希アルカリ処理でたんぱく質や脂質を除き，粉砕したもの），コーンフレーク（挽き割り後，皮と胚芽を除き，味付け，圧扁，焼成したもの）などがある。また，コーンチップ，ポップコーンなどスナック菓子原料にも利用する。

2) 大麦の加工品

大麦を精白したものを精麦という。六条種の精麦を蒸気で加熱後，圧扁した押し麦と，精白時に黒条に沿って二分し，同様処理した切断麦（白麦）がある。米飯に混炊して麦飯として利用する。六条種は，他に，麦みそ，麦焼酎，麦茶，麦こがしなどの原料とする。

二条種は，ビール麦とも呼ばれる。ビール醸造用，モルトウィスキーの原料として重要である。

3) えん麦の加工品

オートミールの原料。精白したえん麦を，軽く炒って圧扁し，フレーク状に仕上げたもの。朝食用シリアルとして使われる。

2. いも類の加工品

じゃがいも，さつまいも，こんにゃくいもが加工上重要である。さつまいも，じゃがいもの主成分はでんぷん。直接食用するほか，主にでんぷんを分離し，食品工業，その他の分野で使用される。こんにゃくいもの主成分はグルコマンナン。直接食用にはできず，食用こんにゃくに加工される。

(1) でんぷん

いも類や穀類に含まれるでんぷんの特性を表2-2に示した。いずれも比重は1.62～1.65と，水より重く冷水に溶けない。

原料を亜硫酸溶液に浸漬して，たんぱく質を除き，磨砕処理を容易にした後，大量の水とともに磨砕する。これを篩別して表皮や繊維を除き，でんぷん乳を得る。でんぷん乳から遠心分離により夾雑物を除去して分離，精製する。

でんぷんの生産量の60％以上はコーンスターチが占める。その他，じゃがいも，小麦，葛(くず)，わらび，かたくり，キャッサバ（タピオカ）のでんぷんなどが用いられる。

でんぷんの粘弾性を利用し，食品の品質改良（増粘，保水，結着など）に用いる。また，でんぷんを糖化して水あめ，ぶどう糖，異性化糖などの甘味料が作られる。化学的，物理的，酵素的に処理した加工でんぷん（デキストリン，酸処理でんぷん，α-でんぷんなど）は食品の粉末化，品質改良などに用いられる。

表2-2 でんぷんの特性

種類	アミロース比	糊化温度	粒径
じゃがいも	25	61～64℃	50 μ
さつまいも	19	66～72℃	18 μ
とうもろこし	25	67～87℃	16 μ
小麦	30	58～87℃	20 μ
米	19	64～67℃	5 μ

(2) こんにゃく

こんにゃくいもの肥大した球茎（3～4年生）を利用する。主成分のグルコマンナンは，水を吸収して膨潤し粘性の強い糊を作る。これに水酸化カルシウム（消石灰）または炭酸ナトリウムを加えると，凝固して弾力性のある半透明のゲルになる。

生いもからも作るが，傷みやすく輸送が困難なため，多くは精製したこんにゃく粉（精粉）から製造される。

精粉の製法を図2-4に示した。グルコマンナンは比重が大きい。こんにゃくいもの輪切り（0.5～0.6 mm）を乾燥し，粉砕した荒粉を風選すると，でんぷんや繊維（飛粉）が容易に分離される。

こんにゃくいも → 水洗 → 輪切り → 乾燥 → 荒砕 → 荒粉 → 風選 → 飛粉（とびこ）／精粉（こなこん）

図2-4　精粉の製法

こんにゃくの製法を図2-5に示した。生いもでは5倍量，精粉では33～35倍量の水を吸収させて糊を作る。糊かき（混捏）した後，アルカリを加えて凝固させることを「あく入れ」という。生いもの場合は炭酸ナトリウム，精粉の場合は消石灰を用いると良品ができる。

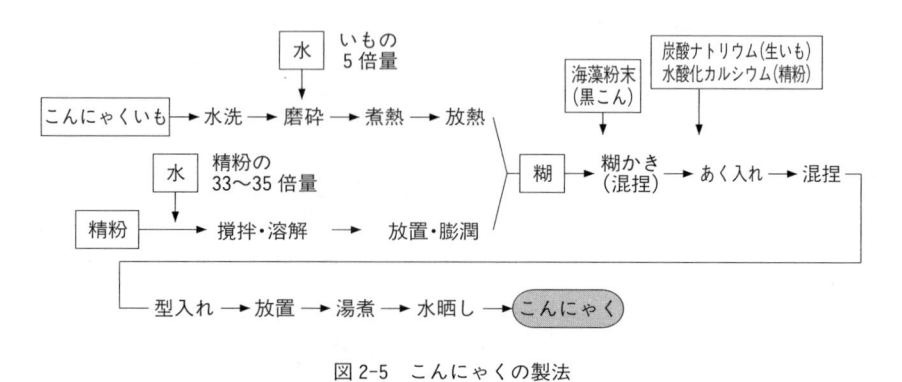

図2-5　こんにゃくの製法

黒色こんにゃくは海藻粉末を加えて着色する。板こんにゃくの他，糸こんにゃく，しらたきなどが作られる。水分97％の低エネルギー食品である。

(3) その他のいも類の加工品

1) ポテトチップス

じゃがいもを剝皮後，薄い輪切りにし，油で揚げたもの。マッシュポテトを成型して作るものもある。ポテトチップス，フレンチフライポテトなど油で揚げる加工品には粘質いも（メークインなど）が適する。還元糖が多い原料は褐変しやすい。

2) ポテトフラワー

じゃがいもの生切り干しを粉砕，篩別したものである。製パン，製菓，スープ，ソースなどの増粘剤として利用される。

3) マッシュポテト

蒸したじゃがいもをつぶす（mash）か裏ごしたもの。乾燥マッシュポテト，マッシュポテトフレークなどがある。料理素材とする他，成形ポテトチップスの原料とする。

4) 切り干しいも

蒸したさつまいもをスライスして乾燥させたもの。間食として利用される。生切り干しいもはアルコール原料に用いる。

3．豆類の加工品

豆類は，マメ科植物の乾燥種実である。グロブリンを主体とするたんぱく質とビタミンB群が豊富に含まれるのが特徴。豆類は成分の面から，① 脂質が多く，糖質が少ないもの（大豆，落花生など）と，② 糖質が多く，脂質の少ないもの（あずき，えんどう，いんげん，そらまめ，ささげなど）に分けられる。加工品の範囲は広い。

(1) 大豆の加工品

大豆は種皮，子葉，胚からなる。子葉が発達し，全体の90％を占める。たんぱく質と脂質が多いのが特徴。たんぱく質は約35％，脂質は約20％，炭水化物約30％含む。その他，無機質，ビタミンも多く含み，豆類の中で最も栄養に優れた食品である。ビタミンは大部分が子葉に含まれ，胚に多い穀類とは異なる。

種皮は全体の8％を占め，繊維質（ペクチン，ヘミセルロースなど）が多く，強靱である。この強い種皮が大豆利用の大きな障害になる。

大豆の主要たんぱく質はグロブリン系のグリシニンである。水と磨砕すると大部分が抽出されてくる。これにカルシウム塩，マグネシウム塩などを添加すると凝固する。

脂質は脂肪酸の約80％が不飽和脂肪酸からなる。栄養的価値は高いが，酸化されやすい。

この他，大豆中にはトリプシンインヒビターや血球を凝集させるたんぱく質が含まれる。大豆利用には加熱処理が必須となる。

大豆の加工品には豆乳，豆腐，油揚げ類，ゆば，納豆，きな粉などがある。その他，大豆油，みそ，しょう油の原料としても重要である。

また，未熟大豆は枝豆として利用する。

1）豆　　乳

豆腐製造工程の中間産物である。青豆臭さがあり，従来は飲用目的として製造されることはなかったが，技術開発と健康志向の高まりから，植物性たんぱく質飲料として注目されるようになった。豆乳の製法を図2-6に示した。

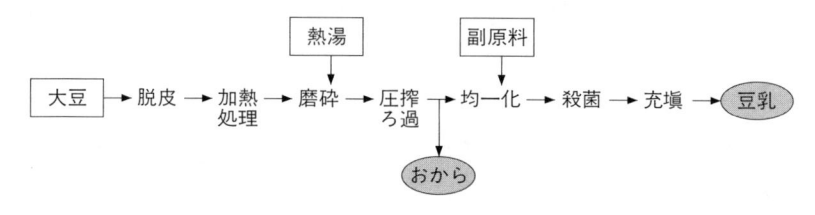

図2-6　豆乳の製造工程

青豆臭を防ぐため，まず，大豆を脱皮して，蒸気加熱し，大豆表面に存在する酵素リポキシナーゼを不活性化する。次いで，熱湯を加え，β-グルコシダーゼにより咽頭刺激物質であるイソフラボンの生成を防ぎながら磨砕する。おからを分離した豆乳に，製品に応じた副原料（植物油脂，糖類，食塩などの調味原料や果実・野菜の搾汁，コーヒー・麦芽粉末，粉乳，粉末大豆たんぱく質など）を加えてホモジナイザーにかける。真空で脱臭後，約140℃で数秒殺菌したものを無菌充填して製品とする。

豆乳類は日本農林規格（JAS）により次の種類と規格がある。
・豆乳：大豆固形分8％以上
・調製豆乳：大豆固形分6％以上8％未満
・豆乳飲料：大豆固形分4％以上6％未満
・大豆たんぱく飲料：大豆たんぱく質1.8％以上

2）豆　　腐

豆腐の製造法は図2-7に示した。

大豆を浸漬，磨砕，煮沸，ろ過して熱水可溶性成分を抽出して豆乳を作る。豆乳に，硫酸カルシウム，塩化マグネシウム，にがり，グルコノ-δ-ラクトンなどの凝固剤を加え（"よせ"），脂質などの他の成分とともに大豆グロブリ

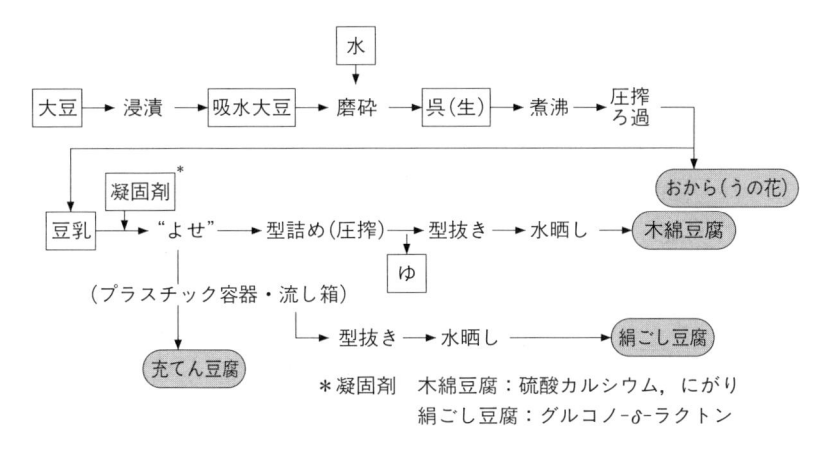

大豆 → 浸漬 → 吸水大豆 → 磨砕 → 呉(生) → 煮沸 → 圧搾ろ過 → おから（うの花）

豆乳 →（凝固剤*）"よせ" → 型詰め(圧搾) → 型抜き → 水晒し → 木綿豆腐
（プラスチック容器・流し箱）→ 充てん豆腐
ゆ → 型抜き → 水晒し → 絹ごし豆腐

＊凝固剤　木綿豆腐：硫酸カルシウム，にがり
　　　　　絹ごし豆腐：グルコノ-δ-ラクトン

図2-7　豆腐の製造工程

ンを沈殿，凝固させたものである。大豆たんぱく質の主成分であるグリシニンはカルシウムイオンやマグネシウムイオンと結合して凝固する。また，グルコノ-δ-ラクトンは水溶性で，加熱するとグルコン酸を生ずる。この酸によりたんぱく質が凝固する。凝固剤はこれらの性質を利用したものである。

製造法によって木綿豆腐，絹ごし豆腐，ソフト豆腐，充てん豆腐，沖縄豆腐（硬豆腐），焼き豆腐（焼いてこげ目をつけたもの）などがある。

3) 凍り豆腐

硬めに作った豆腐を-10〜-15℃で凍結した後，-1〜-4℃で2,3週間熟成させてから解凍，脱水乾燥，膨軟加工を行ったものである。水分は10％前後まで乾燥させる。膨軟加工はアンモニアガスやかん水などによるアルカリ処理。乾燥による形の収縮や貯蔵中の角質化を防ぎ，調理の際に水に戻りやすくするために行う。

4) 油揚げ類

油揚げは水分の少ない硬めの豆腐を薄く切り，脱水後，低温（110〜120℃）と高温（180〜200℃）の油で2回揚げて作る。厚揚げは厚い豆腐を200℃の油で1回揚げたもの。がんもどきは，砕いた豆腐に刻んだ野菜や調味料を加えて丸め，180℃の油で1回揚げたもの。

5) ゆ　　ば

豆乳を沸騰させないように加熱し，表面にできた皮膜をすくい上げたもの。生ゆばと，これを乾燥させた干しゆばがある。

干しゆばは，たんぱく質55％，脂質28％を含む。脂質が微細な油滴となって，たんぱく質に包まれた形になっている。酸化されにくく保存性に富む。

6) 納　　豆

糸引き納豆と塩納豆がある。

糸引き納豆は，大豆を水洗，浸漬，蒸煮し，温度が70℃くらいまで下がってから納豆菌 *Bacillus natto*（バシラス・ナットウ）を接種し，40〜45℃で16〜20時間発酵させて作る。大豆のたんぱく質や炭水化物が分解され，独特な風味と粘質物が産生する。各種の酵素を含み，消化率が向上する。ビタミン B_2 は増加するが，塩基

性アミノ酸のリジン，アルギニンやビタミン B_1 などは減少する。

塩納豆は，大豆麹（蒸煮大豆に *Aspergillus sojae*（アスペルギルス・ソーヤ）を接種）を食塩水中で半年間熟成させてから乾燥したもの。黒褐色で柔らかい。たんぱく質の分解が進んで豆粒がみそ味を呈する。大徳寺納豆，浜納豆など一部地域で特産される。

7）大豆たんぱく質（植物性たんぱく）

大豆，小麦からたんぱく質を抽出して作る。肉様の食感と風味を持たせた食品素材。また，ゲル形成性，乳化性，保水性などを持たせるために畜肉加工品や水産ねり製品などの製造に用いる（p.65参照）。

8）き な 粉

黄大豆を回転釜で，高温短時間炒ったものを皮ごと，あるいは脱皮後粉砕したもの。もち，だんご，菓子などに使用される。

大豆をきな粉に加工すると，トリプシンインヒビターは減少し，たんぱく質も熱変性により消化がよくなる。塩基性アミノ酸のリジン，ビタミン B_1 などは減少する。

(2) その他の豆類の加工品

糖質を主成分とする，あずき，えんどう，いんげんなどは，あんの原料になる。緑豆からは豆麵（粉糸）（フェヌ・スー）が作られる。その他，発芽させて，もやしとして利用する。

1）あ　　　ん

あずき，えんどう，いんげんなど，でんぷん含量が多く，脂質が少ない豆類を煮て，すりつぶし，練り上げて作る細胞でんぷんをいう。あずきあんは製法

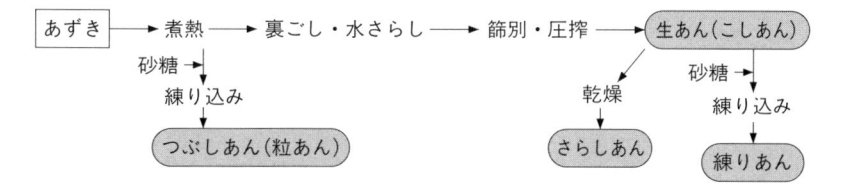

図2-8　あんの種類と製法

により，生あん，さらしあん，練りあん，つぶしあん，粒あんなどの区別がある（図2-8）。いずれも和菓子，あんパンなどに用いられる。

2) そ の 他

春雨は緑豆のでんぷんで作られる豆麺（粉糸〈フェヌ・スー〉）。葛切りはマメ科植物である葛の塊根のでんぷんで作る。市販品のほとんどはじゃがいもでんぷんで作られる。緑豆でんぷんを使った春雨は腰が強く煮溶けにくい。また葛でんぷんの糊は透明感が優れる。もやしは緑豆，大豆，あずきなどの豆類を発芽させたもの。市販品はブラックマッペもやしが主流である。

4．野菜類の加工品

野菜類には，季節性や地域性がある。水分が多く傷みやすい。収穫後も呼吸していて，過熟，萎縮などの劣化現象を起こす。

保存を目的とした乾燥野菜，漬物，缶・びん詰などが作られる。地域特産品も多い。冷凍野菜，野菜飲料，生鮮野菜のCA貯蔵品も普及している。

トマトは，ジュース，ピューレー，ケチャップ，ソースなど特徴的な加工品に利用される。

(1) 乾 燥 野 菜

自然乾燥品。薄く切断したものや小型で乾きやすいものが原料となる。水分が減少し保存性が向上する。切り干し大根，かんぴょう，干しぜんまい，干しわらびなど，独特な食感の製品ができる。

切り干し大根は，丸干し（細めの大根をそのまま），花切り干し（輪切りにしたもの），割り干し（縦に切ったもの），千切り干し（千切り）など。

かんぴょうは，ゆうがお（扁蒲；ウリ科）の白色果肉を薄長く紐状に切って乾燥する。

ぜんまい，わらびなど，山菜にはアクが多い。炭酸水素ナトリウム（重曹）水や灰汁に浸してゆでこぼし，アク抜きした後，乾燥する。

(2) 漬　物

野菜の保存性を高め，独特な風味と食感を味わう。これらは食塩や酸による防腐効果，微生物の発酵，野菜の自己消化などにより醸成される。

塩漬，しょう油漬，みそ漬，麹漬，酢漬，糠(ぬか)漬，芥子(からし)漬，粕漬，糠(ぬか)みそ漬，調味漬など多彩で地域特産品も多い。

塩漬は，漬物の基本である。加工漬物の多くは，塩漬け処理（下漬け）した原料を塩抜きしてから本漬けにする。下漬けの目的は長期保存にあり，原料の20％以上の食塩で漬けられる。食用にする漬物は食塩濃度2〜10％のものが多い（表2-3）。

表 2-3　漬物の種類と塩分濃度

種類	塩分濃度(%)	種類	塩分濃度(%)
しょう油漬	8〜12	奈良漬	6〜10
福神漬	10〜13	芥子漬	5〜8
みそ漬	10〜14	梅漬	14〜24
らっきょう甘漬	1〜5	野沢菜漬	3〜5
わさび漬	2〜4	高菜漬	10〜16

塩漬品をそのまま利用するものは，梅漬，白菜漬など。最近は，甘塩の浅漬（一夜漬）など，保存性よりも嗜好性を重視したものが多い。

塩漬けの方法には，撒(ま)き塩（振り塩）法と立て塩法がある。

撒き塩法は，原料に食塩を直接散布し，重石をして漬ける。所定量の食塩の一部を漬樽の底に敷き（底塩），野菜と食塩を交互に漬け込み（撒き塩），最後

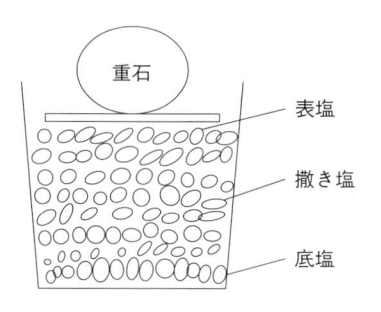

図 2-9　撒き塩漬

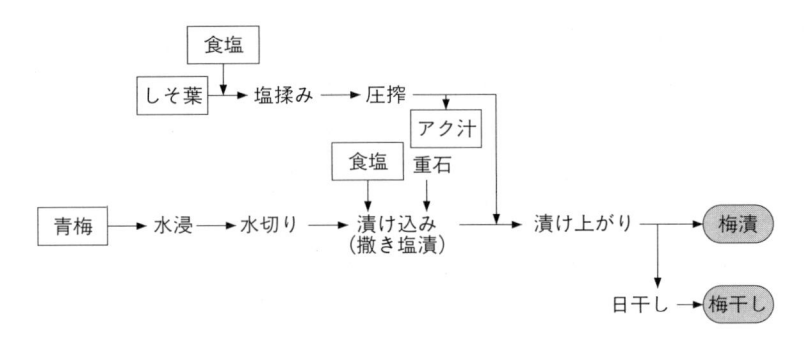

図 2-10　梅漬・梅干しの製法

に残りの食塩で覆う（表塩）。上層部ほど食塩を多く漬け込む。
　図 2-9 に撒き塩漬，図 2-10 に梅漬・梅干しの製法を示した。
　立て塩法は，食塩水中に浸して漬ける。原料が均一に漬かり，塩むらができない。
　しょう油漬は，下漬けした原料を塩抜き・圧搾後，しょう油を主とした調味液中に本漬けしたもの。福神漬が代表例。
　麹漬は，米麹で漬け込んだもの。べったら漬が代表。
　粕漬は，熟成した酒粕床に漬け込んだもの。奈良漬，わさび漬，山海漬など。
　芥子漬は，芥子粉と米麹，調味料で作った芥子みそ床に漬け込んだもの。なす，小なすなど。
　みそ漬は，調味したみそ床に漬け込んだもの。ごぼう，大根など。
　糠漬は，米糠と食塩で漬け込んだもの。たくあん漬が代表的。
　糠みそ漬は，米糠と食塩を水で練って作った糠みそ床に，季節の野菜を1～2日漬け込んで利用する浅漬。
　酢漬は，食酢や梅酢を主体とした調味液に漬けたもの。らっきょう甘酢漬，しょうが梅酢漬，千枚漬，ピクルスなど。

（3）トマト加工品

　トマトは生食用と加工用では外観も風味も全く異なる。加工用品種は，果汁濃度，リコピン（トマトの赤色色素）含量が高い。トマト加工品は，この完熟果を用いる。農水省の原料規格には，「樹上で熟し，トマト100ｇ当たりのリコピン含有量が7 mg以上（1等），6 mg以上（2等）」の基準がある。

　加工用トマトを原料に，図2-11に示す製品が作られる。日本農林規格（JAS）に規格基準の定めがある。

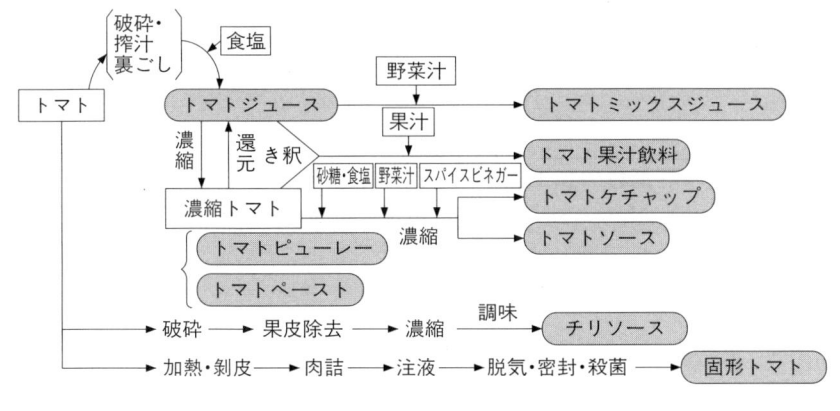

図2-11　トマト加工品の種類と製法

- トマトジュース：トマトを破砕して搾汁または裏ごしたトマトの搾汁。濃縮トマトを希釈して搾汁の状態に戻したものも含む。食塩を加えてもよい。
- トマトミックスジュース：トマトジュースを主原料とし，セルリー，にんじんその他の野菜搾汁を10％以上加えたもの。または，これに食塩，香辛料，糖類，酸味料，調味料などを加えたもの。
- 濃縮トマト：トマトの搾汁を濃縮したもの。無塩可溶性固形分8％以上。濃縮の程度により，トマトピューレーとトマトペーストがある。
- トマトピューレー：無塩可溶性固形分24％未満のもの。
- トマトペースト：無塩可溶性固形分24％以上のもの。
- トマトケチャップ：濃縮トマトに食塩，香辛料，食酢，糖類，たまねぎ，に

んにくを加えて調味したもの。可溶性固形分 25 ％以上。
- トマトソース：濃縮トマトに食塩，香辛料を加えて調味したもの。可溶性固形分 9 ％以上 25 ％未満。
- チリソース：トマトを破砕し，種子を残したまま皮を除去して濃縮し，食塩，香辛料，食酢，糖類を加えて調味したもの。たまねぎ，にんにく，ピーマン，セルリーなどの野菜類，酸味料，調味料，カルシウム塩を加えたものもある。
- トマト果汁飲料：トマトの搾汁または濃縮トマトを希釈したもの。食塩，糖類，香辛料を加えたものもある。トマトの搾汁が 50 ％以上のもの。
- 固形トマト：剝皮したトマトの全形，2 つ割りなどの缶詰。

(4) その他の野菜類の加工品

　缶・びん詰，冷凍野菜などがある。生鮮野菜は製造に先立ってブランチングを行う。

　缶詰は，たけのこ，ホワイトアスパラガス，スイートコーンなどの水煮製品が多い。酢漬の漬物はびん詰にされる。

　冷凍野菜は，急速凍結品。全体を冷凍するもの（ほうれんそう，グリーンアスパラガス，カリフラワー，ブロッコリー，グリーンピース，枝豆），カットやスライスしたもの（スイートコーン，ピーマン，かぼちゃ，にんじん），これらを混合したミックス野菜がある。外食産業など業務用に多用される。

5．果実類の加工品

　果実は木本性植物に結実するもの。草本性の，いちご，メロン，すいかも含む。鮮やかな色彩，芳香，食感を季節感とともに味わう。産地が限定され，貯蔵性に乏しい。CA 貯蔵が行われる。冷蔵コンテナー船，空輸による輸入果実も増加。これらは，脱酸素，窒素ガス充塡，蓄冷材などによる鮮度保持処理を行う。冷凍果実，冷凍果汁の輸入も多い。

ジャム類，果実飲料，果実缶詰，乾燥果実，糖蔵品，冷凍果実，果実酒，果実酢などが作られる。

(1) ジャム類

果実に糖を加えて加熱し，ペクチンと有機酸の作用でゼリー化させたもの。

ペクチン質は，未熟果では不溶性のプロトペクチンとして存在。成熟とともに可溶性のペクチンとなり果実は柔らかくなる。過熟するとペクチン酸に分解されゼリー化しなくなる。ゼリー化に関与するペクチンは完熟果に最も多い。

ペクチンは，pH 2.8〜3.2 の酸性下で糖と加熱すると，ペクチン－糖－酸－水の間に水素結合ができてゼリー化する。ゼリー化に好適な比率は，ペクチン 1.0〜1.5％，酸 0.3〜1.5％（pH 2.8〜3.2），糖 50％以上である。

果実のペクチン・酸・糖含量を表 2-4 に示した。

表 2-4 果実のペクチン・酸・糖含量(%)

果実	ペクチン	酸	糖
いちご	〜0.2〜	0.5〜1.0	5〜11
りんご	0.5〜1.2	0.5〜1.0	10〜15
みかん	〜0.05〜	0.5〜1.2	5〜12
夏みかん	〜0.05〜	1.0〜2.5	4〜9
ぶどう	0.2〜0.3	0.6〜1.0	12〜16
もも	〜0.6〜	0.3〜0.6	9〜10

りんご以外は，全体にペクチンが少ない。かんきつ類はプロトペクチンを多く含む。これは加熱することでペクチンに変化し，ゼリー化に寄与する。

ジャム類には次の種類がある（JAS）。
- ジャム：マーマレード，ゼリー以外のもの
- マーマレード：かんきつ類果実を原料とし，果皮が認められるもの
- ゼリー：果実の搾汁を原料としたもの
- プレザーブスタイル：ベリー類果実は全果形，他の果実は厚さ 5 mm 以上の果肉片を保持しているもの

原料果実は完熟果を使用。ペクチンの分解を抑えるため短時間で加糖濃縮す

る。仕上げ点の目安は，糖度計で65度，温度計で104℃。実際には低糖で軟らかい製品が好まれる。

いちご・りんごジャム（プレザーブスタイル）の製法を示した（図2-12）。いちごは，ペクチンと酸が少ないので，これらを添加物で補うことがある。糖の1/3量とまぶし，果汁が上がってから加熱する。りんごは，ペクチンが多く低糖でも容易にゼリー化する。

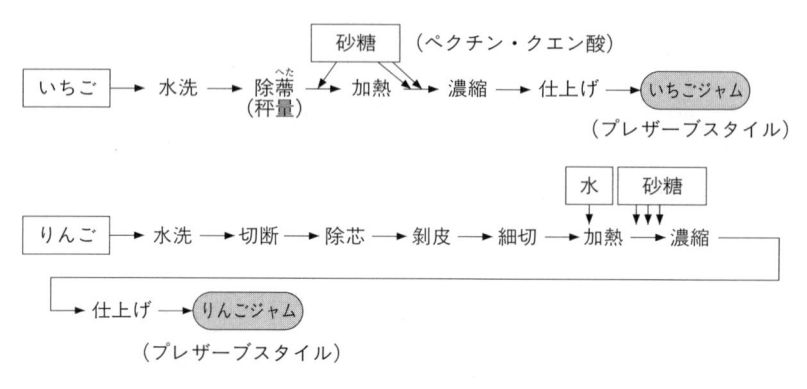

```
                    砂糖（ペクチン・クエン酸）
                      ↓
いちご → 水洗 → 除蔕 → 加熱 → 濃縮 → 仕上げ → いちごジャム
              （秤量）                      （プレザーブスタイル）

                                      水  砂糖
                                      ↓↓↓
りんご → 水洗 → 切断 → 除芯 → 剝皮 → 細切 → 加熱 → 濃縮
    → 仕上げ → りんごジャム
           （プレザーブスタイル）
```

図2-12　いちごジャム・りんごジャム（プレザーブスタイル）の製法

糖は全量を一度に加えると急激に脱水され，果肉中に浸透しなくなる。3回くらいに分けて加える。いちごジャムの製造には，冷凍いちご（加糖・無糖）を用いることが多い。

マーマレードは，かんきつ類の果汁，果皮切片，ペクチン液を原料とする。細刻した果皮の苦味成分（ナリンギン）を水煮して流失させ，搾汁粕を煮込んでペクチン液をろ別する（図2-13）。

糖度30〜45°の低糖度ジャムがある。低メトキシルペクチンとカルシウム塩（乳酸カルシウム，クエン酸など）を加えて加糖濃縮して作る。低温貯蔵が必要なことからチルドジャムと俗称される。

高圧処理（6,000〜10,000 kg/cm^2）による，無加熱ジャムが作られる。芳香や成分の変化が少なく自然の風味が味わえる。コスト面で高価なのが難。

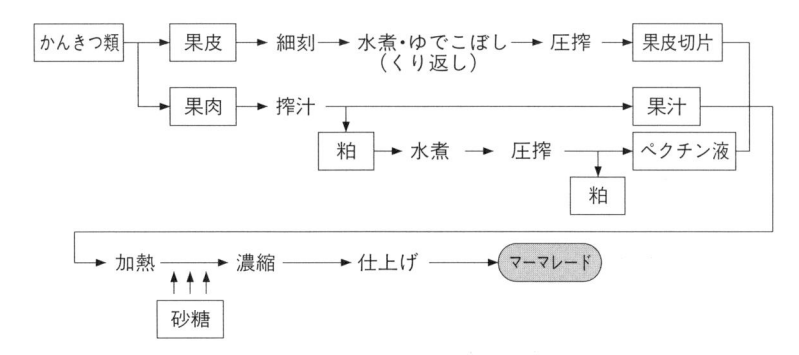

図 2-13　マーマレードの製法

(2) 果実飲料

日本農林規格（JAS）により表 2-5 のように分類され，規格と表示が定められている。

濃縮果汁，果実ジュースには，果実ごとに基準値が定められている。基準値は糖用屈折計示度（°Bx；ブリックス度），すなわち，果汁が本来含有する糖濃度で示される。果実ジュースの基準値の例は表 2-6 のようである。

酸の多い果実の基準値は，酸度（%）による。レモン（4.5%），ライム（6%），梅（3.5%），かぼす（3.5%）である。

果実の搾汁は，果実を破砕して搾汁または裏ごして，皮，種子等を除去した

表 2-5　果実飲料の分類(JAS)　　　　　　　　(2000.8.1. 施行)

濃縮果汁	：果実の搾汁を濃縮したもの，糖用屈折計示度が基準値以上のもの
ジュース	：果汁の糖用屈折計示度が基準値に対して 100% 以上のもの
果実ジュース─ストレート	：果実の搾汁
─濃縮還元	：濃縮果汁を希釈し，糖用屈折計示度が基準値以上のもの（加糖量は 5% 以下）
果実ミックスジュース	：2 種類以上の果実ジュースを混合したもの
果粒入り果実ジュース	：果実ジュースに果粒を加えたもの
果実・野菜ミックスジュース	：果実ジュースに野菜汁を加えたもの（果実ジュースが重量で 50% 以上）
果汁入り飲料	：果実ジュースの使用割合が糖用屈折計示度の基準値に対して 10% 以上 100% 未満のもの

表 2-6 糖用屈折計示度の基準値（JAS）

果実名	°Bx	果実名	°Bx
オレンジ	11	パインアップル	11
うんしゅうみかん	9	もも	8
グレープフルーツ	9	なつみかん	9
りんご	10	バナナ	23
ぶどう	11	パッションフルーツ	14

もの。果実ピューレーも含む。

　濃縮果汁や還元果汁には，糖類，はちみつ等を加えたものもある。果汁の糖用屈折計示度は，添加した糖類を除いたものを用いる。

　果実・野菜ミックスジュースに加える野菜汁は，野菜を破砕して搾汁または裏ごして，皮，種子等を除去したもの。濃縮したもの，これを希釈して搾汁の状態に戻したものも含む。

　表示は次のように行う。

- ストレート：一括表示の品名欄に「品名（ストレート）」
- 濃縮還元：一括表示の品名欄に「品名（濃縮還元）」，商品名の前か上に「濃縮還元」
- 糖類添加：一括表示の品名欄に「品名（加糖）」，「品名（濃縮還元・加糖）」，商品名の後か下に「(加糖)」
- 果汁入り飲料：一括表示の品名欄に「○○％××果汁入り飲料」。○○は糖用屈折計示度の基準値に対する割合，××は果実名

果実ジュース（ストレート）の製法を図 2-14 に示した。

原料果実は，新鮮で香りが高く多汁質のもの。破砕後，透明果汁（りんご，

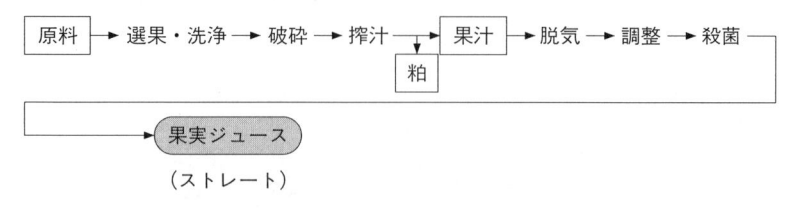

原料 → 選果・洗浄 → 破砕 → 搾汁 → 果汁 → 脱気 → 調整 → 殺菌 → 果実ジュース（ストレート）
（搾汁の下に 粕）

図 2-14　果実ジュース（ストレート）の製法

ぶどうなど）はペクチナーゼ処理，赤ぶどうなどは，加温して色素を溶出させてから搾汁する。酸化や褐変の原因となる空気を除き（脱気），篩別，遠心分離，ろ過，均質化などの処理を行う。高温瞬間殺菌して製品となる。

ぶどう果汁は酒石を含む。殺菌後，冷却し，数日間凍結貯蔵（－18～－20℃）して酒石を析出させる。融解後，ろ過して清澄化する。

(3) 果実缶詰

主にシラップ（糖液）漬。みかん，白桃，パインアップル，洋なし，混合果実などの製品が多い。

一般に原料果実は，芳香と酸味のあるものが適する。洗浄後，湯煮・切断・除核・剝皮・トリミングなどの処理を行い，缶詰の常法により製造する。

日本農林規格（JAS）や輸出規格により，固形量，シラップ濃度，内容総量の定めがある。原料の固形歩留りを知ることが重要である。

シラップ濃度は，次のように区分される。
- エキストラライトシラップ：10％以上14％未満
- ライトシラップ：14％以上18％未満
- ヘビーシラップ：18％以上22％未満
- エキストラヘビーシラップ：22％以上

みかん缶詰の製法を図2-15に示した。

剝皮法は原料の種類や規模により異なる。手剝き，機械剝き，蒸気または熱湯による方法，酸またはアルカリ，酸とアルカリを併用する方法などがある。

みかんの内果皮剝皮は希酸と希アルカリの併用法による。水晒しで，これら

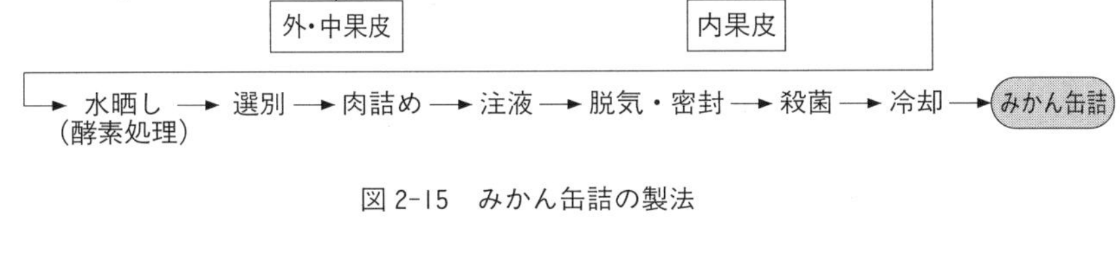

図2-15 みかん缶詰の製法

を洗浄する。同時に，酵素処理でヘスペリジンを流失させる。ヘスペリジンはシラップを混濁させ果実に白色結晶を作る。

(4) 乾燥果実

　アルカリ処理，イオウくん蒸などの処理をしてから乾燥する場合が多い。乾燥は天日か人工乾燥で行われる。前処理の目的は，乾燥の促進，酵素の失活，褐変防止，殺菌など。

　生果の糖が濃縮され独特な風味と食感を呈する。保存性も高い。干し柿，干しぶどう（レーズン），干しあんずなどが代表的。生食，製菓材料，ジャム（プレザーブスタイル）用にされる。

　干し柿は，渋柿の乾燥品。剝皮後，天日乾燥するか，イオウくん蒸して人工乾燥する。串柿，吊るし柿，胡露（ころ）柿，紅柿などがある。

　干しぶどうは，カリフォルニア産トムソン・シードレス（サルタナ種）から作ったものが良品でレーズンと呼ぶ。ワイン用ぶどうで作ったものはドライド・グレープという。他に，マスカット，スミルナなどの製品もある。

　干しあんずは，縫合線から切断し除核後，イオウくん蒸して天日または人工乾燥する。

(5) 冷凍果実

　ブランチングし，急速凍結後，$-18℃$以下で冷凍貯蔵する。くり（皮剝き），サワーチェリー（加糖），いちご（加糖・無糖），マンゴー，パパイヤ，メロン類，レイシ，もも（スライスした黄桃），パインアップル（加糖・無糖；スライス）など輸入果実が多い。冷菓・製菓材料，缶詰用，デザート用とされる。

(6) 糖蔵品

　果実に糖液を浸透させたもの。濃厚シラップ漬（preserve）と糖果（candied fruit）がある。最初は20％程度の低濃度の糖液で加熱浸透させる。徐々に糖濃度を高め，最終糖濃度65〜70％で仕上げる。

濃厚シラップ漬は，65％程度の濃厚な糖液を充填し，びん詰にする。くりの甘露煮，梅，あんず，桜桃などの製品がある。

糖果は，仕上がった果実を乾燥するか，さらに砂糖をまぶした製品。りんご，くり，桜桃，かんきつ類の果皮などがある。アンゼリカ，しょうがなど野菜でも作られる。

(7) その他の果実類加工品

さわし柿は，渋柿の渋を抜いたもの。水溶性タンニンを不溶性にする。脱渋法には，樽抜き法（アルコール法），湯抜き法，炭酸ガス法がある。

果実酒（単発酵酒），リキュール（混成酒），果実酢などの原料として重要である。

6. きのこ類の加工品

菌類の一種。肥大した子実体をいう。食用できるものが120種ほど，栽培品は約10種。食用の大部分は栽培品。

干ししいたけ，各種きのこの缶・びん詰，佃煮などの加工品がある。

1) 干ししいたけ

生しいたけを40～60℃に加温，通風して水分10％程度に仕上げる。傘が6分開き程度で肉厚な冬茹(どんこ)と，全開した香信(こうしん)がある。大きさにより上と並に分ける。それ以下は，それぞれ小粒冬茹，茶撰(ちゃせん)という。冬茹の傘が割れ白い肉質が見えるものは花冬茹と呼ぶ。

2) マッシュルーム水煮缶詰

マッシュルームは傘色により，ホワイト，クリーム，ブラウン種がある。

缶詰用はホワイト種。石づき部を除き，洗浄後，ブランチングを行う。常法により缶詰にする。注液は，食塩2～3％とアスコルビン酸を少量含む溶液を用いる。

ボタン（菌傘のみ），ホール（きのこ全体），スライスなどの種類がある。

3) えのきたけびん詰

別名，なめたけ。しょう油が主体の調味漬びん詰が作られる（なめたけ漬）。

石づき部を除き，細刻後，調味液（しょう油，砂糖，食塩，みりんなど）と煮込む。濃縮（固形分 60～70 %）したものを常法により，びん詰にする。

第3章

畜産加工品

1. 肉の加工品

(1) 原料肉および肉加工の基本工程

1) 原料肉（食肉）

食肉とは食用にされる動物の筋肉（主として横紋筋）をいう。肝臓（レバー）などの内臓を含めることがある。食肉の対象になる家畜は屠畜場法によると、牛、馬、豚、めん羊および山羊であるが、鶏などの鳥肉も食肉として扱う。しかし、食肉加工製品の主要原料は豚肉である。屠殺した家畜を、放血、剝皮し、頭部などを切除し、内臓を除去した後、背割りしたものを半丸枝肉といい、食肉の取引単位である。最近はさらに除骨・整形後、分割した部分肉（カット肉）での流通も多くなっている。処理工程の概略図を図3-1に示した。

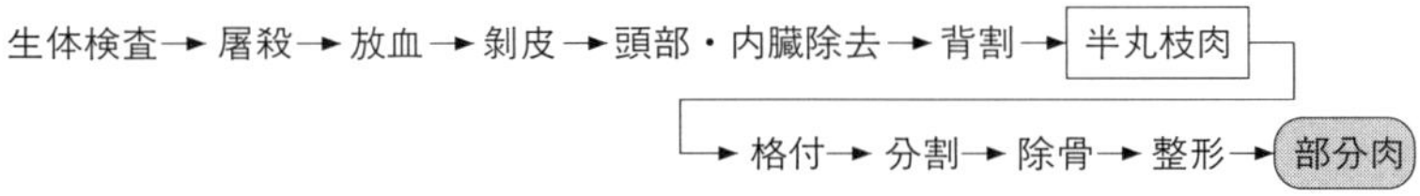

```
生体検査→屠殺→放血→剝皮→頭部・内臓除去→背割→半丸枝肉
                                          ↓
                          →格付→分割→除骨→整形→部分肉
```

図3-1　原料肉の処理工程

2) 筋肉の死後硬直と熟成

筋肉は屠殺後、解糖作用による乳酸の生成、ATPの分解などにより収縮硬直する。これを死後硬直という。死後硬直中の肉は硬く、消化も悪く、風味や保水性も劣るので調理や加工に適さない。死後硬直の開始時期や最大硬直の時期は、肉の種類や条件で異なる。硬直がある時間続くと、筋肉中の自己消化酵素の働きによって肉は次第に柔らかくなり（解硬）、アミノ態窒素やイノシン

酸などの風味物質が増加する。この現象を肉の熟成という。熟成は低温で徐々に行うが，その最適期間は，牛肉では約10日間，豚肉では4〜6日間で，最適冷蔵温度は約0℃とされている。

3）食肉製品の加工処理

ハム，ベーコン，ソーセージなどの食肉製品の基本的な加工処理は塩漬，水浸，くん煙，加熱などである。

① 塩漬（えんせき）　原料肉に塩漬剤を加えて微生物の増殖を抑制し，保存性を高めるとともに，保水性・結着性を高めることを目的に行う処理をいう。同時に発色剤，砂糖，香辛料などを添加するので，食肉製品として好ましい色が発色し，風味も良好となる。

わが国ではハム・ベーコンの塩漬の前処理として血絞りが行われる。これは食塩（原料肉の約2％）と硝石（約0.15％）を肉にすり込み，重石をのせて冷蔵庫に1〜2日放置することで，放血が不十分な場合の残留血液を除去する目的で行う。

塩漬はキュアリング（curing）とも呼ばれ，湿塩法と乾塩法がある。湿塩法はピックルと呼ばれる塩水溶液に原料肉を漬込む方法で，ハム・ソーセージの加工時に用いられる。原料肉が大きい場合には浸透をよくするためにピックルを注射してから漬け込まれることが多い。乾塩法は食塩を直接肉にすり込んで，その時に浸透圧によって浸出してくる水分によって塩漬剤が溶解し，浸透する方法で，脂肪の多いベーコンの加工時に用いられる。さらに，ソーセージの加工では，原料肉を塩漬しないで，サイレントカッターによる練り合わせの際に食塩を添加するエマルジョン法を用いることも多い。塩漬は2℃前後の低い温度で行われる。

塩漬の材料としては食塩，発色剤（硝酸カリウム，亜硝酸ナトリウム），砂糖，香辛料である。湿塩法の場合には生のたまねぎ，しょうがが用いられる。さらに，結着剤（重合リン酸塩），保存料（ソルビン酸，ソルビン酸カリウムなど），酸化防止剤（エリソルビン酸など），抗酸化剤（L-アスコルビン酸など），化学調味料（グルタミン酸ナトリウム，イノシン酸ナトリウムなど），合成着色料が用いら

食塩は保存性と保水性をよくする。使用量は2〜3％である。発色剤は肉色素のミオグロビンをニトロソミオグロビンに変化させ，肉色を固有の淡赤色に固定する働きがあり，また，防腐効果も高い。発色剤使用量は，肉製品1kg当たり亜硝酸根（NO_3）70 ppm以下に規制されている。結着剤は保水性を維持するために添加されることが多く，使用量は約0.5％程度である。

② 水　浸　　塩漬肉はくん煙される前に水中に浸漬される。これを水浸（soaking）という。5〜10℃の冷却水に10〜20分浸し，肉中の余分な塩分を取り除く。

③ くん煙　　食肉製品をサクラ，ナラ，カシなどの木片を燃やして発生した多量の煙でいぶして特有の風味（スモークドフレーバー）と保存性を与えることをくん煙（smoking）という。本来は保存性の向上が目的であったが，最近は冷蔵施設および包装技術が向上したことによって嗜好性を良好にする目的で行われることが多くなっている。通常行われるくん煙は，ハムの場合は温くん法と呼ばれ，約50℃で10時間くん煙される。ベーコン類は冷くん法で行われ，約30℃で2〜3日間くん煙される。くん煙材としては樹脂成分の少ない広葉樹のサクラ，カシ，ナラ，ポプラなどの硬木が使用される。スギ，マツなどは樹脂成分が多く，不適である。

④ クッキング　　骨付きハム以外のハム類やソーセージ類では一般的に加熱・殺菌の目的でクッキング（湯煮，水煮ともいう）が行われる。製品を70〜80℃の湯槽中に入れ，中心部温度が約65℃に達してから約30分保持する。たんぱく質が熱変性し，肉製品特有の肉色に固定され，風味が向上する。終了後，直ちに冷水中に投入され，冷却される。

(2) ハ　　ム

ハムは肉製品の代表的なものであり，豚のもも肉より作られる。ハムとは豚のもも肉を意味している。本来は，豚のもも肉を骨付きのまま塩漬，くん煙したもの（骨付ハム）であったが，現在では豚肉の塊を加工したものをハムと総

表 3-1　ハム類の種類（日本農林規格）

品　名	豚肉使用部位	加熱の有無	ケーシング充填
骨付きハム	もも	×	×
ボンレスハム	もも	○	○
ロースハム	ロース	○	○
ショルダーハム	かた	○	○
ベリーハム	ばら	○	○
ラックスハム	かた，ロース，もも	×	○

称し，骨付きハム，ボンレスハム，ロースハム，ショルダーハム，ベリーハム，ラックスハムがある。1 kg 以上の製品が多いが，最近は，スライスしてパックされた製品が消費者に好まれている。表 3-1 に日本農林規格におけるハムの種類を示す。

1）骨付きハム（bone in ham）

豚のもも肉を骨付きの状態で整形，塩漬，水浸，くん煙（冷くん）したハムで，クッキングは行われない。少量しか生産されず，ハムの王様と称され，高級品である。

2）ボンレスハム（boneless ham）

豚もも肉から骨を除いて作られた代表的なハムである。もも肉を整形・塩漬後，骨を取り除いて加工されたものと分割・整形後ハムに加工されたものがある。通常は 1 個のもも肉から 4 kg 程度のボンレスハム 1 個が作られるが，最近では 1 kg 程度の小型のものも作られている。ボンレスハムの製造工程は次のとおりである。

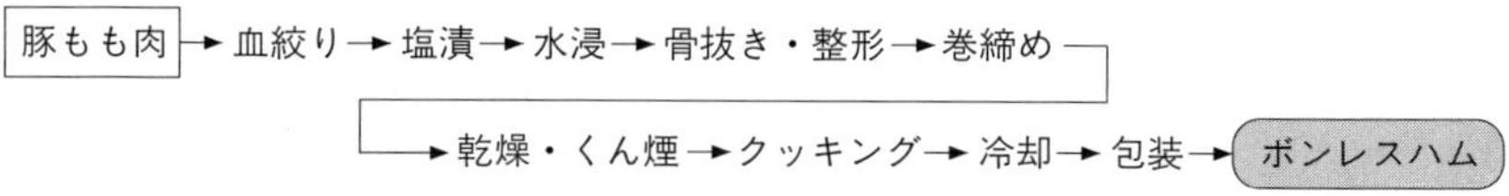

豚もも肉 → 血絞り → 塩漬 → 水浸 → 骨抜き・整形 → 巻締め → 乾燥・くん煙 → クッキング → 冷却 → 包装 → ボンレスハム

図 3-2　ボンレスハムの製造工程

①　**塩漬と水浸**　ピックル液中で 7〜10 日塩漬する。塩漬後，冷水

(11℃)に2～5日間浸漬して塩分を除く。

② **整形・巻締め**　塩漬・水浸後，骨を除去し，余分な脂肪分を取り除いて整形し，布に包み込み，巻締める。最近の製品では，透過性のセルロースケーシングに充填されることが多い。

③ **くん煙・クッキング**　冷くん，温くん，あるいは熱くん法によりくん煙する。くん煙終了後，中心部温度が62～65℃で50～60分間保持され，クッキングが行われる。冷却後，包装して製品とする。

3）ロースハム

豚肉のロースをボンレスハムと同じ方法で加工したハムで，ロースハムという呼称は日本特有のものである。欧米ではロイン・ロール（loin roll）と呼ばれている。

4）ショルダーハム，ベリーハム

豚の肩肉から作られたハムをショルダーハム（shoulder ham），ばら肉から作られたハムをベリーハム（belly ham），またはロールベーコンという。

5）ラックスハム

加熱処理を行わない小型の生ハムをラックスハム（lachs ham）という。このハムはドイツ語でラックスシンケン（Lachsschinken）と呼ばれ，ハムの断面がサケ（ラックス）肉のような赤色をしているのでこの名前がつけられた。使用される豚肉の部位は特定されていない。

(3) **ベーコン**

ベーコンは豚のばら肉を塩漬，くん煙した肉製品である。ベーコンとは豚のばら肉を意味している。現在ではばら肉以外の部位からも同様の加工で作られた製品がある。欧米では固まりの状態で使用されることが多いが，わが国ではスライスしてパックされた製品がほとんどである。くん煙は冷くん法で行われることが多い。表3-2に日本農林規格におけるベーコンの種類を示す。

1）ベーコン（bacon）

豚のばら肉を整形，塩漬，くん煙したものと，サイドベーコンまたはミドル

表 3-2　ベーコン類の種類（日本農林規格）

品　　名	豚肉使用部位
ベーコン	ばら
ショルダーベーコン	かた
ロースベーコン	ロース
ミドルベーコン	ロース，ばら
サイドベーコン	半丸枝肉

ベーコンのバラ肉を切り取り，整形したものがある。クッキングは行われない。くん煙は冷くん法（15〜30℃，1〜2日）で行われる。ベーコンの製造工程は次のとおりである。

豚ばら肉 → 除骨・整形 → 血絞り → 塩漬 → 水浸 → 整形 → 乾燥・くん煙 → 冷却 → 包装 → ベーコン

図 3-3　ベーコンの製造工程

2）ロースベーコン（loin bacon），ショルダーベーコン（shoulder bacon）
それぞれ豚のロース肉およびかた肉より加工されたベーコン。

3）ミドルベーコン（middle bacon），サイドベーコン（side bacon）
それぞれ豚の胴肉および半丸枝肉より加工された大型のベーコン。さらに，小型のベーコンに加工され，直接販売されることはない。

(4) プレスハム（Japanese pressed ham）

ハムの整形時に出る小肉塊から作られるロースハム様のわが国独特の製品で，寄せハムと呼ばれることもある。ハムは一かたまりの肉より作られるので，プレスハムはむしろソーセージの仲間として扱われる。小肉塊を結着させるために「つなぎ肉」が必要で，肉塊とつなぎ肉の種類と比率によってプレスハムの日本農林規格が定められている（表3-3）。

ほかに，混合プレスハムと呼ばれる製品がある。これは原料に魚肉などを混用したもので，製品中，畜肉の重量が50％以上のものをいう。

表3-3 プレスハムの規格（日本農林規格）

規格 等級	畜　種		つなぎ 比率
	肉　塊	つなぎ肉	
特　級	豚	牛・豚・家兎	10％以下
上　級	畜肉(豚肉50％以上)	畜肉・家兎	10％以下
標　準	畜　肉	畜肉・家兎	15％以下

注：畜肉＝豚肉・牛肉・馬肉・めん羊肉・山羊肉

(5) ソーセージ

　肉類を挽肉にして，調味料および香辛料で調味して練り合わせ，牛，豚，羊などの腸あるいはその代わりとなる包装材料（ケーシング，casing）に詰め，乾燥，くん煙を行い，食用に便利な形とした肉製品をソーセージ（sausage）という。家畜の腸に詰められたものを腸詰ソーセージという。ソーセージの規格および特色（日本農林規格）を表3-4に示した。

　ソーセージはドイツ語でブルスト，ロシア語でカルパスといわれる。原材料，ケーシング，調味加工法，作られている地方の気候・風土・食習慣などによって，ヨーロッパでは数百種類にのぼる多様な製品が作られている。とくに代表的なソーセージはフランクフルトソーセージ，ウインナーソーセージ，ボロニアソーセージのように地名がつけられている。ソーセージの分類法には統一されたものはないが，わが国で一般的に普及しているのは表3-5に示した分類法である。その他に製造工程の差異によって，サイレントカッターを使用したエマルジョン型ソーセージ（emulsion type sausage）と，使用しない挽肉型ソーセージ（ground type sausage）に分けることもある。

1）ドメスティックソーセージ（domestic sausage）

　消費の大半を占めているソーセージで，水分含量が約55〜60％の保存期間の短いソーセージの総称である。フレッシュソーセージ，スモークドソーセージおよびクックドソーセージに分けられる。

　フレッシュソーセージは亜硝酸塩を加えないで作られるソーセージで，加熱も行わない。賞味期間が短く，冷蔵して4〜5日間しかもたない。生ソーセー

表3-4 ソーセージ類の規格および特色（日本農林規格）

品　名	特　色		水分含量	ケーシング
ボロニアソーセージ	特級	豚，牛の挽肉のみ	65％以下	牛腸，太さ36 mm以上
	上級	豚，牛の挽肉，結着材料		
	標準	畜肉などの挽肉，結着材料		
フランクフルトソーセージ	特級，上級，標準の区分はボロニアソーセージと同じ			豚腸，太さ20〜36 mm
ウインナーソーセージ	特級，上級，標準の区分はボロニアソーセージと同じ			羊腸，太さ20 mm未満
リオナソーセージ	上級	豚，牛の挽肉，種もの*		
	標準	畜肉の挽肉，種もの*		
レバーソーセージ	家畜などの肝臓50％未満		50％以下	基準なし
レバーペースト	家畜などの肝臓50％以上		40％以下	
ドライソーセージ	上級	豚，牛の挽肉のみの乾燥製品	35％以下	
	標準	畜肉の挽肉を原料とした乾燥製品		
セミドライソーセージ	上級	豚，牛の挽肉のみの半乾燥製品	55％以下	
	標準	畜肉を原料とした半乾燥製品		
加圧・加熱ソーセージ	ソーセージ類を加圧・加熱したもの		65％以下	
無塩漬ソーセージ	塩漬しないで原料肉を加工したもの			

* 種ものとしては豚脂，グリンピース，ピーマンなどが加えられる。

表3-5 ソーセージの種類

ドメスティックソーセージ（domestic sausage）
　　　水分含量が多く，長期保存性の乏しいソーセージ
　　①フレッシュソーセージ（fresh sausage）
　　②スモークドソーセージ（smoked sausage）
　　③クックドソーセージ（cooked sausage）

ドライソーセージ（dry sausage）
　　　乾燥製品で長期保存性があるソーセージ
　　①アンスモークドドライソーセージ（unsmoked dry sausage）
　　②スモークドドライソーセージ（smoked dry sausage）
　　③セミドライソーセージ（semi-dry sausage）

ジとも呼ばれる。

　スモークドソーセージは発色剤が使用され，くん煙およびクッキングが行われる最も一般的なソーセージで，流通の大半を占めている。産地名が冠されたものが多く，ウインナー，フランクフルト，ボロニア，リオナなどがスモークドソーセージを代表するソーセージである。

　クックドソーセージは原料に血液や内臓を使用したもので，腐敗しやすいので必ずクッキングが行われる。ブラッドソーセージ，レバーソーセージ，レバーペーストがこの仲間である。

　スモークドソーセージの製造工程は次のとおりである。

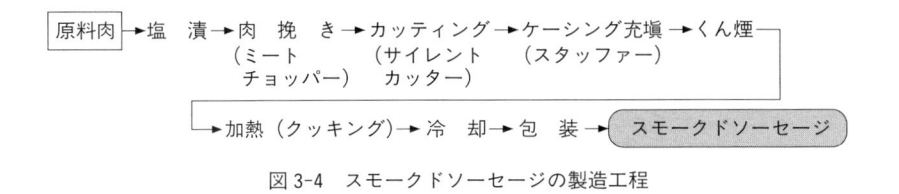

```
原料肉 → 塩 漬 → 肉 挽 き → カッティング → ケーシング充填 → くん煙 ┐
              （ミート     （サイレント    （スタッファー）        │
              チョッパー）   カッター）                           │
       ┌──────────────────────────────────────────────────────┘
       └→ 加熱（クッキング）→ 冷 却 → 包 装 → スモークドソーセージ
```

図 3-4　スモークドソーセージの製造工程

　① **肉挽き**　　塩漬された原料肉は通常十分冷却されたミートチョッパーで挽肉にされる。6 mm 目と 3 mm 目のプレートで二度挽きされることが多い。肉温が 10℃を超えると結着しにくくなる。赤肉と脂肪は別々に挽かれる。

　② **カッティング**　　カッティングに用いられる機械はサイレントカッターと呼ばれる。大皿が回転し，その中で高速回転するナイフで肉を細切しながら練り合わせる構造となっている。このカッティングの際に各種の香辛料，調味料が加えられる。最近はカッティング時に食塩や発色剤を加えて，塩漬工程を省略することも多い。また，同時に肉温の上昇を防ぐために細かく砕いた氷が加えられる。粘り気が出てきたら，豚脂を入れてペースト状に練りあげる。

　③ **ケーシング充填**　　練りあげられた肉はスタッファー（充填機）でケーシングに充填される。ケーシングは，ハムやソーセージを肉詰めする袋のことで，従来から牛，豚，羊などの天然腸（natural casing）が使用されてきた。今日では人造ケーシング（man-made casing）の使用も増えている。人造ケーシ

ングには不可食性ケーシング（セルロース系とプラスチック系）と可食性のコラーゲンケーシングがある。不可食性ケーシングは煙を通さないことが多いので，その際にはあらかじめスモークパウダー（くん液を乾燥させたもの）などが加えられる。

④ **くん煙およびクッキング**　充塡されたソーセージはスモークハウスにおいて温くん法あるいは熱くん法によりくん煙が行われる。その後，73〜75℃（中心温度65℃で30分）でクッキングが行われる。スモークハウス内で蒸気加熱を行うことも多い。クッキングが終わると直ちに冷水で冷却し，プラスチック系フィルムで包装して冷蔵される。合成ケーシングの場合は冷却後，表面のシワを伸ばすために熱湯に2〜3秒浸漬される。

2）**ドライソーセージ**（dry sausage）

ケーシングに充塡後，長期保存を目的に熟成室において長期間乾燥・熟成させて作られるソーセージをドライソーセージ（dry sausage）という。加熱せずオードブル的に食用できる。ドライソーセージにはくん煙を行わないアンスモークドドライソーセージ（サラミソーセージ，ジェノアなど），くん煙するスモークドドライソーセージ（セルベラートソーセージ），クッキングするセミドライソーセージ（モルタデラ）がある。

(6) 食肉缶詰およびレトルト食品

食肉を原料とした缶詰およびレトルト食品は，食肉およびその他の材料を調理後，缶あるいはレトルトパウチに充塡・密封後，加圧加熱滅菌したものである。コンビーフ缶詰，牛肉味付け缶詰，食肉加工品缶詰，食肉野菜煮缶詰などの他，調理特殊缶詰およびレトルト食品（カレー類・シチュー類・スープ類）など種類が多い。食肉缶詰などの加熱殺菌条件は食品衛生法により，120℃で4分間加熱するか，またはそれと同等の殺菌条件で加熱することと定められている。

一般的には110〜115℃の1時間前後の加熱殺菌が行われる。食肉缶詰の代表であるコンビーフ缶詰の製造工程は次のとおりである。

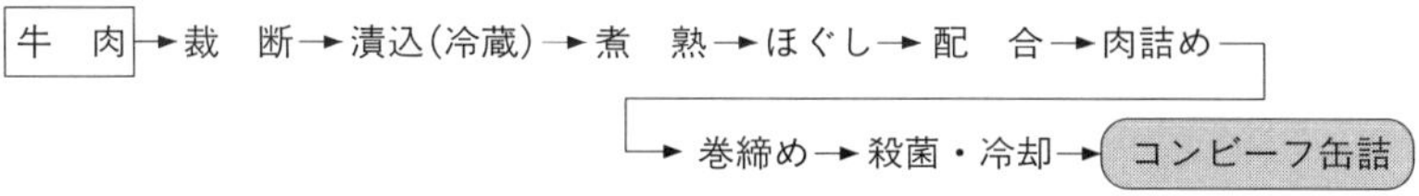

牛肉 → 裁　断 → 漬込(冷蔵) → 煮　熟 → ほぐし → 配　合 → 肉詰め ┐
　　　　　　　　　　　　　　　　　　　　　　　　　　　　　　　　　　│
　　　　　　　　　　└→ 巻締め → 殺菌・冷却 → コンビーフ缶詰

図 3-5　コンビーフ缶詰の製造工程

(7) 乾燥肉 (dried meat)

　牛肉または豚肉などの生肉あるいは塩漬肉を各種の乾燥法で水分を除去して水分活性を低下（食品衛生法では乾燥食肉製品の水分活性は 0.86 以下）させて保存性を高めた肉製品を乾燥肉と呼ぶ。乾燥法としては天日乾燥，熱風乾燥などがあり，最近は復元性のよい凍結乾燥法で乾燥されることも多い。ドライビーフ，ビーフジャーキーなどが代表的な乾燥肉である。ドライソーセージ，ベーコンなども広義の乾燥肉に含まれる。

2. 乳の加工品

　哺乳動物の乳腺から分泌される乳汁は，たんぱく質，脂肪，糖質，ビタミン，ミネラル等をバランスよく含んでおり，栄養価のすぐれた動物性食品である。中でも牛乳は生産量も多く，値段もてごろでもっとも広範に利用，消費されている。わが国で製造されている牛乳，乳製品を分類すると図 3-6 のようになる。

(1) 飲　用　乳

　飲用牛乳は，「乳および乳製品の成分規格等に関する省令」（乳等省令）により，牛乳と加工乳に大別される。乳等省令の中にはこれら以外に乳飲料も定義されている（表 3-6）。

1) 牛　　乳

　牛乳は乳牛から搾乳した生乳を，成分調整することなく，ろ過，殺菌後，容器に詰めた製品である。

第3章 畜産加工品

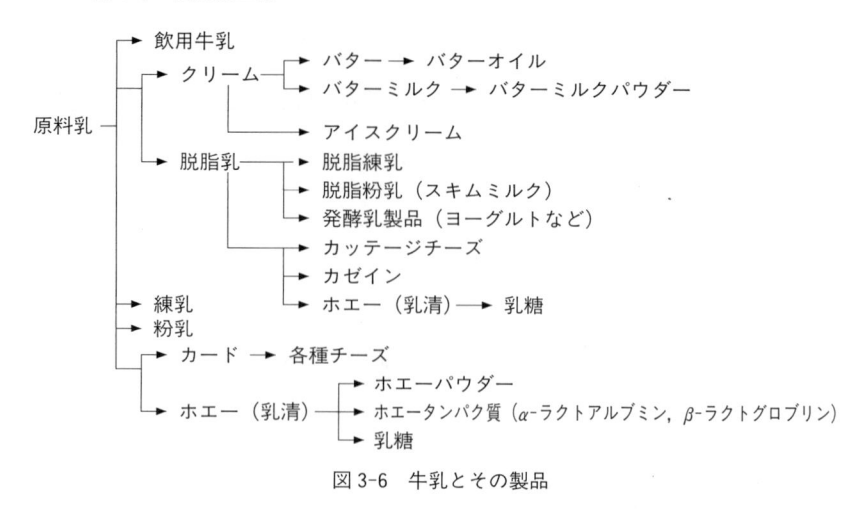

```
原料乳 ┬→ 飲用牛乳
       ├→ クリーム ┬→ バター → バターオイル
       │          ├→ バターミルク → バターミルクパウダー
       │          └→ アイスクリーム
       ├→ 脱脂乳 ┬→ 脱脂練乳
       │        ├→ 脱脂粉乳（スキムミルク）
       │        ├→ 発酵乳製品（ヨーグルトなど）
       │        ├→ カッテージチーズ
       │        ├→ カゼイン
       │        └→ ホエー（乳清）→ 乳糖
       ├→ 練乳
       ├→ 粉乳
       ├→ カード → 各種チーズ
       └→ ホエー（乳清）┬→ ホエーパウダー
                       ├→ ホエータンパク質（$\alpha$-ラクトアルブミン，$\beta$-ラクトグロブリン）
                       └→ 乳糖
```

図3-6 牛乳とその製品

表3-6 飲用乳の種類と規格

種類	乳脂肪分(%)	無脂乳固形分(%)	比重	酸度(乳酸%)	細菌数(1/ml中)	大腸菌群
牛乳	3.0以上	8.0以上	1.028～1.034 （ジャージー種 1.028～1.036）	0.18以下 （ジャージー種 0.20以下）	5万以下	陰性
加工乳	―	8.0以上	―	0.18以下	5万以下	陰性
乳飲料	―	―	―	―	3万以下	陰性

　牛乳の製造工程は図3-7のようである。牧場で搾乳された原料乳は，牛乳加工場へ運ばれ，比重，乳脂肪含量，アルコール試験，細菌検査，TTC試験（抗生物質の混入の有無の検査），風味試験などの製品検査を受ける。検査を通過した牛乳は，ろ過または清澄機（クラリファイアー）処理によりゴミや異物をとりのぞき，貯乳タンクに入れられ使用まで4℃で保存される。次に均質機

```
                          牛乳，加工乳の
                          成分規格に標準化
原料乳 → 検査 → 清澄化 → 冷却 → 標準化 → 均質化 → 殺菌 → 冷却 → 充塡 →（牛乳）
```

図3-7 牛乳の製造工程

（ホモジナイザー）処理により，脂肪球（2.5～5 μm[1]の粒径）を 2 μm 以下にこまかく砕き，脂肪球の浮上分離を防止する。次にこの牛乳を熱交換器に通して加熱殺菌する。牛乳の殺菌法には，低温保持殺菌法（LTLT 法，62～63℃，30分加熱），高温短時間殺菌法（HTST 法，73～75℃，15 秒以上加熱），超高温殺菌法（UHT 法，120～150℃，1～5 秒加熱）などがあるが，市販牛乳の 90％以上は，超高温殺菌法[2]が用いられている。殺菌が終了した牛乳は冷却後，容器に充填され出荷まで 4℃で保存される。

2）加　工　乳

生乳を主原料とし，これに無塩バター，クリーム，粉乳，濃縮乳などを添加して加工したものである。還元乳を含んだローファットミルク（乳脂肪分 1.5％程度）や，全粉乳，クリームを加えた濃厚還元牛乳などがある。

3）乳　飲　料

乳飲料には，①牛乳を主原料とし，果汁，コーヒー，砂糖などを加えたもの，②生乳，牛乳を主原料とし，カルシウム，鉄，ビタミン A・D・E などの栄養素を強化したもの，③牛乳中の乳糖を酵素ラクターゼで処理した乳糖不耐者用のものがある。

(2) クリーム

しぼったままの生乳を静置したり，牛乳をクリームセパレーター（遠心分離機）にかけると乳脂肪が浮上し，クリーム（乳脂肪に富んだ層）と脱脂乳に分離する。このクリームを集め，殺菌後容器に充填する（図3-8）。クリームの成分規格は，乳脂肪 18.0％以上，酸度 0.2％以下，細菌数 1 ml あたり 10 万以下，大腸菌群陰性となっている。クリームには，ライトクリーム（乳脂肪含有量約 20％，コーヒークリーム），ホイップクリーム（乳脂肪含有量，30～50％，クリームにガスを吹き込み泡立たせている），発酵クリーム（乳酸発酵させたクリー

---

[1] 1 μm は 1 mm の 1/1000。
[2] プレート式熱交換器（金属板を何枚も組み合わせ，蒸気と加熱する牛乳を交互に流して，牛乳を短時間で殺菌する装置）を用いる。

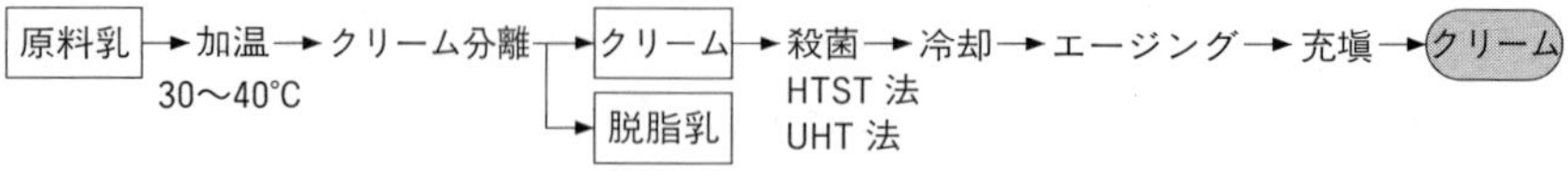

原料乳 → 加温 → クリーム分離 → クリーム → 殺菌 → 冷却 → エージング → 充填 → クリーム
　　　　30～40℃　　　　　　→ 脱脂乳　　HTST法
　　　　　　　　　　　　　　　　　　　UHT法

図 3-8　クリームの製造工程

ム，発酵バターの製造原料）などがある。クリームは水中油滴型（O/W型）のエマルジョンであるので，コーヒーなどに容易にまざる。一般的な市販品には脂肪の約50％を植物性油脂で置換した製品が多い。クリームは，バター，アイスクリームの製造原料としても用いられている。

(3) アイスクリーム

　牛乳または乳製品を主原料とし，これに香料，乳化剤，安定剤，甘味料，着色料，卵，果肉，果汁，ナッツなどを適量加えて混合したものを，半凍結または凍結した製品である。乳固形分や乳脂肪分の含量により，アイスクリーム，アイスミルク，ラクトアイスに分類される（表3-7）。

　アイスクリームの製造工程は，図3-9のようである。原料乳とクリームをそれぞれ秤量して混合，加温する。さらに砂糖，粉乳，乳化剤，安定剤などの副材料を加えて混合する。これら各原料の混合物をアイスクリームミックスという。アイスクリームミックスはろ過され，均質化処理で脂肪球や他の粒子が細かく破砕され均一に分散される。次にHTST法かUHT法で殺菌した後，0～5℃に冷却する。さらにフリーザー中で-2～-8℃でアイスクリームミックスを撹拌しながら，適当量の空気をふくませ，気泡，脂肪，氷の粒などが均一に分散したエマルジョンを作る。アイスクリームミックス中の水分の凍結率は

表3-7　アイスクリーム類と氷菓の規格

	アイスクリーム	アイスミルク	ラクトアイス	氷菓
乳固形分(%)	15.0以上	10.0以上	3.0以上	—
乳脂肪分(%)	8.0以上	3.0以上	—	—
細菌数(1g中)	10万以下	5万以下	5万以下	1万以下
大腸菌群	陰性	陰性	陰性	陰性

```
                              副材料添加
                                 ↓
原料乳 → 混合 → 混合 → ろ過 → 均質化 → 殺菌 → 冷却 → エージング（熟成）
クリーム  加温                   70～75℃  72～85℃  5℃以下   5℃以下
       50～70℃                          15秒   (0～5℃) (0～5℃)
                                       135～150℃
                                         2～4秒
                                                               │
           ┌───────────────────────────────────────────────────┘
           ↓
          凍結 → 包装 → 充填 → 硬化 ────────→  ハード
         －2～－8℃              スティック類      アイスクリーム
              │                －18℃以下
              ↓               カップ類
            ソフト             －30～－40℃
          アイスクリーム
```

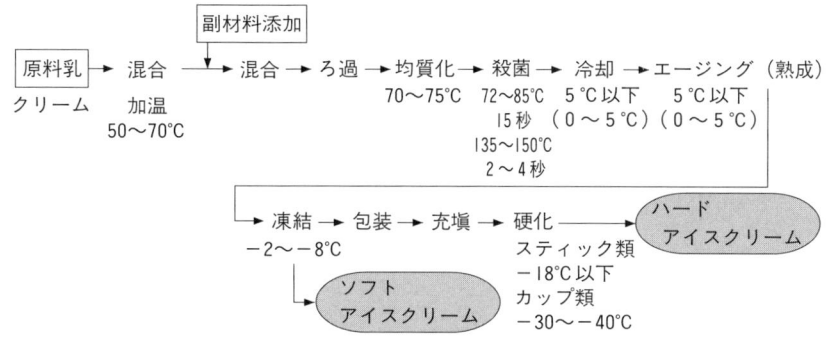

図 3-9　アイスクリームの製造工程

30～50％で，ソフトクリーム状の製品になる。アイスクリームミックスは，フリージングの際の撹拌により空気を抱き込むのでその容積が増加する。この増量分をパーセントで表したものをオーバーランという。

$$オーバーラン（\%）＝\frac{アイスクリームの容積－ミックスの容量}{ミックスの容量}×100$$

オーバーランの割合は，アイスクリーム 70～100％[1]，ソフトクリーム 30～50％，シャーベット 20～40％，氷菓 25～30％である。

ソフトクリーム状の製品は，そのまま容器に充填され，硬化室で－30～－40℃で硬化され，ハードアイスクリームとなる。できあがった製品は，－25℃以下の冷凍庫に貯蔵され，冷凍車で出荷される。

（4）発酵乳，乳酸菌飲料

牛乳またはその他の乳に，乳酸菌や酵母を接種して発酵させたものである。乳酸発酵を主体とした乳酸発酵乳（酸乳，ヨーグルト，乳酸菌飲料など）とアルコール発酵乳（乳酸発酵とアルコール発酵を併用する。クーミス，ケフィアなど）がある。発酵乳と乳酸菌飲料の成分規格は表 3-8 のようである。

1）スーパープレミアムアイスクリームでは 20～40％である。

表 3-8　発酵乳と乳酸菌飲料の成分規格

	無脂乳固形分(%)	乳酸菌または酵母数(1 ml 中)	大腸菌群
発酵乳	8.0 以上	1000 万以上	陰性
乳製品乳酸菌飲料*	3.0 以上	1000 万以上	陰性
乳酸菌飲料	3.0 未満	100 万以上	陰性

＊発酵後加熱殺菌した製品（カルピス様のもの）には，乳酸菌または酵母数は適用しない．

1）発酵乳（ヨーグルト）

ヨーグルトは乳酸発酵乳の代表的なもの。製造工程を図3-10に示した。

牛乳または脱脂乳に，甘味料（砂糖，果糖，ぶどう糖），寒天，ゼラチン，香料などの副原料を添加し，混合，均質化後，殺菌する。冷却後，スターターの乳酸菌を1～3％添加し，一定温度で発酵させる。ヨーグルトに使用される乳酸菌は，*Lactobacillus bulgaricus*（ラクトバチルス・ブルガリカス），*L.acidophilus*（アシドフィルス），*Streptococcus thermophilus*（ストレプトコッカス・サーモフィラス），*S.lactis*（ラクティス）などである。この他にビフィズス菌（*Bifidobacterium*）も用いられる。*L.bulgaricus* と *S.thermophilus* を共生して用いると 42～45℃，3～4 時間の発酵で，乳の酸度は 0.8％前後になりカゼインが凝固する。

ヨーグルトには，形状や副材料の違いにより，固形ヨーグルト（カードを硬めにしたもの），ソフトヨーグルト（カードを軽く砕いた半流動性のもの），ドリンクヨーグルト（カードを破砕，均質化した液状のもの），フローズンヨーグルト（カードを凍結したもの）などがある。

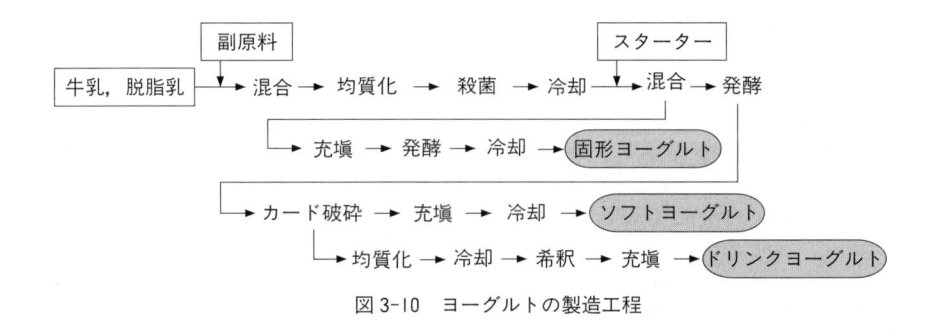

図 3-10　ヨーグルトの製造工程

2）乳酸菌飲料

乳等省令では，乳製品乳酸菌飲料と乳酸菌飲料がある。

① 乳製品乳酸菌飲料 乳などを乳酸菌または酵母で発酵させ，糖類，香料を加えて飲用に加工したもの。生菌乳酸菌飲料（ヤクルトなど）と殺菌乳酸菌飲料（カルピスなど）がある。無脂乳固形分3.0％以上，生菌数 $10^7/ml$ 以上の規定があるが，殺菌乳酸菌飲料の生菌数にはこの限りはない。

② 乳酸菌飲料 乳などを主原料として乳製品乳酸菌飲料と同様に加工したもの。無脂乳固形分3.0％未満，乳酸菌または酵母数 10^6 個$/ml$ 以上のものである。

(5) チーズ

チーズは，乳に乳酸菌や凝乳酵素（キモシン）を添加して，乳のたんぱく質や脂肪を固形状にした製品である。未殺菌のナチュラルチーズと，何種類かのナチュラルチーズを加熱，溶解，混合して保存性を高めたプロセスチーズがある（乳等省令の定義）。この他にプロセスチーズよりも原料チーズの使用割合を減らし（チーズ分51％以上），代わりに植物油，粉乳，カゼイン，乳糖，調味料，食塩などを添加したチーズフードも製造されている。チーズは世界に500種以上あるといわれている。

1) ナチュラスチーズ

乳，バターミルク，クリームなどを乳酸菌で発酵させるか，または酵素を添加して凝固させたカードから，ホエー（乳清）を分離し固形状にした製品，もしくはこれを熟成させた製品である。原料乳の種類（牛乳，山羊乳など），凝固方法（乳酸発酵のみ，乳酸発酵レンネット併用），使用微生物（細菌，かび），熟成方法（熟成，非熟成），硬さ（水分含量）により多様に分類できるが，硬さと熟成法により分類すると図3-11のようになる。

これらの中で代表的なチェダーチーズの製造工程は図3-12のようである。

原料乳を清澄機で浄化後，ホモジナイザーで均質化してから，75℃，15秒で殺菌する。30℃に冷却後，乳酸菌スターター（*S. lactis*, *S. cremoris*）を1

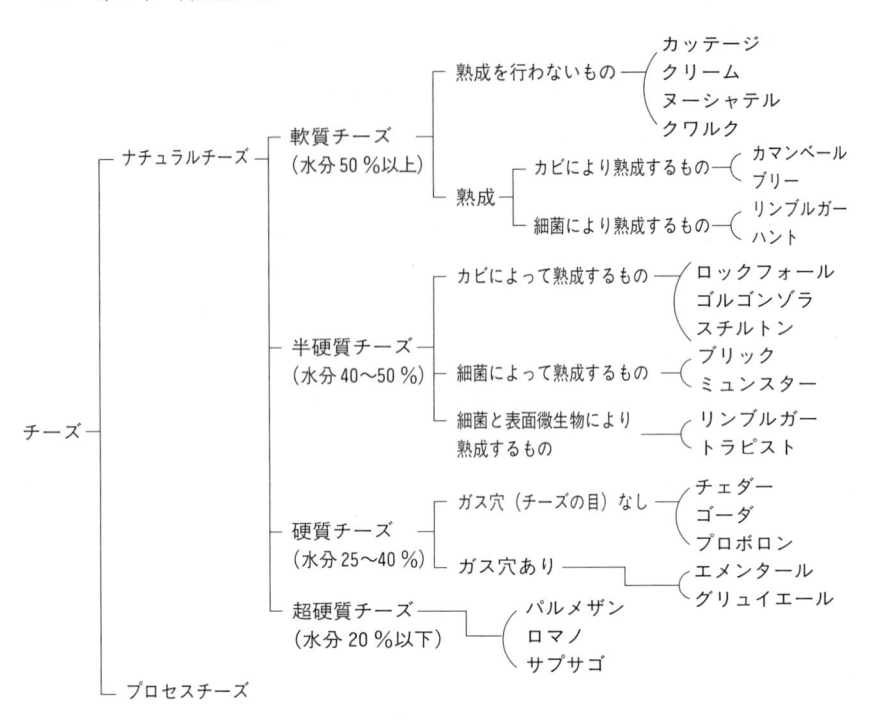

図3-11 チーズの種類

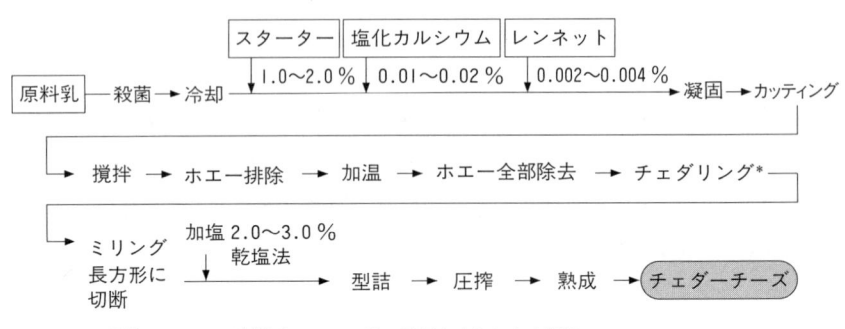

- チーズ
  - ナチュラルチーズ
    - 軟質チーズ（水分50％以上）
      - 熟成を行わないもの
        - カッテージ
        - クリーム
        - ヌーシャテル
        - クワルク
      - 熟成
        - カビにより熟成するもの
          - カマンベール
          - ブリー
        - 細菌により熟成するもの
          - リンブルガー
          - ハント
    - 半硬質チーズ（水分40～50％）
      - カビによって熟成するもの
        - ロックフォール
        - ゴルゴンゾラ
        - スチルトン
      - 細菌によって熟成するもの
        - ブリック
        - ミュンスター
      - 細菌と表面微生物により熟成するもの
        - リンブルガー
        - トラピスト
    - 硬質チーズ（水分25～40％）
      - ガス穴（チーズの目）なし
        - チェダー
        - ゴーダ
        - プロボロン
      - ガス穴あり
        - エメンタール
        - グリュイエール
    - 超硬質チーズ（水分20％以下）
      - パルメザン
      - ロマノ
      - サプサゴ
  - プロセスチーズ

図3-12 チェダーチーズの製造工程

原料乳 → 殺菌 → 冷却 →
- スターター 1.0～2.0％
- 塩化カルシウム 0.01～0.02％
- レンネット 0.002～0.004％

→ 凝固 → カッティング → 撹拌 → ホエー排除 → 加温 → ホエー全部除去 → チェダリング*　→ ミリング 長方形に切断 → 加塩 2.0～3.0％ 乾塩法 → 型詰 → 圧搾 → 熟成 → チェダーチーズ

＊カードを堆積し，2～3時間ごとにカードの反転をくりかえす操作

〜2％添加し約1時間発酵させる。次に0.01〜0.02％の塩化カルシウムと0.002〜0.004％のレンネットを水溶液として加え撹拌する。25〜30分おくとカードが形成される。カードをカードナイフで大豆粒の大きさぐらいに切断する。カッティング終了後，カードを撹拌しながら40℃までゆるやかに加温すると，カードは収縮し，ホエーが排出され，カードは弾力性のある粒子になる。次にホエーを除去し，カードをバットの両端に積んで残りのホエーを分離する。さらにカードを反転させる作業を2〜3時間の間40℃でくりかえし繊維状のカード組織をつくる（チェダリング）。できたカードマスをカードミルで破砕し，2〜3％の食塩を添加してから撹拌する[1]。これを型（チーズモールド）に詰めて圧搾する。

整形後のチーズ（グリーンチーズ）はゴム状で硬く，未熟成のため風味がない。このチーズをパラフィンなどでコーティングするかフィルムで真空包装後，温度10〜13℃，湿度75〜80％で約6カ月熟成させる。この間にスターターの微生物や酵素の作用により，たんぱく質はペプチドやアミノ酸に分解され，乳糖は乳酸に，脂肪は脂肪酸に分解される。チーズに独特のうま味や香気が生ずる。

2）プロセスチーズ

プロセスチーズは，いくつかの原料チーズ（熟成3カ月くらいのチーズと熟成6〜12カ月の高熟度チーズを組み合わせる。風味や組織をよくするため）を混合し，切断，粉砕する。これをチーズ溶解釜に入れ，乳化剤や中和剤（炭酸水素ナトリウム）を加えて80〜120℃で5〜10分間撹拌し，乳化する。これを充填機におくり，高温（約70℃以上）のうちに各種フィルムやアルミニウム箔に充填，密封包装する。これを冷却し外包装し箱詰する。プロセスチーズは加熱殺菌後，密封されているため保存性がある。また何種類かのナチュラルチーズをブレンドしてあるため，好みの風味のものを選べる。

---

1) チェダリングとミリングはチェダーチーズ独得の工程である。ゴーダチーズなどではカードを破砕後，ホエーを分離してカードマスをつくり，これを型につめて圧搾する。これを食塩水につけて加塩した後，コーティングして熟成する。

(6) バ タ ー

バターは，牛乳から分離したクリームの脂肪を撹拌により塊状に集合させたものである。乳等省令では，乳脂肪分80％以上，水分17％以下，大腸菌群陰性と規定されている。製造の際食塩を加えるかいなかで有塩バター（食塩を1.5～2.0％添加，風味が向上し保存性がある）と無塩バターがあり，原料クリームの乳酸発酵を行うかいなかで，発酵バター（酸性バター）と非発酵バター（甘性バター，乳酸発酵を行わないクリームで製造）がある。

バターの製造工程は，図3-13のようである。30～40℃に加温した原料乳をクリームセパレーター（遠心分離機）にかけ，クリームと脱脂乳に分離する。このクリームの脂肪含有量は35～40％である。クリームの酸度を0.1～0.15％（乳酸として）に調整後，HTST法またはUHT法で殺菌し，この後8℃前後に冷却する。冷却したクリームは夏季3～5℃，冬期6～8℃で8時間以上放置し，脂肪の結晶化を促進し，次のチャーン[1]での製造のばらつきを防止する。エージングが終わったクリームを，あらかじめ冷却してあるチャーンに1/3程度加え，激しく撹拌すると，脂肪球が粒状に集合し，バター粒が形成される。チャーニングは，バター粒が大豆粒大になり，バターミルクが分離した時終了する。次にバターミルクを除き，バター粒を水洗いしてから，加塩バタ

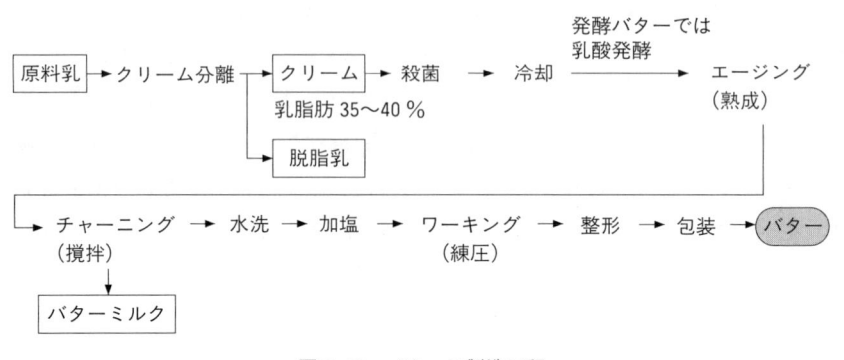

図3-13 バターの製造工程

---

[1] 木材または金属でできた樽型の容器。接続するモーターからの回転により脂肪球を凝集させる。

ーの場合食塩を 1.5〜2.0％加える。このバター粒を低温下で練圧（ワーキング）して均一な組織のバター塊を作る。ワーキングにより食塩と水分の分布が均一化される。できあがったバター塊を一定の大きさに分割し，包装して紙箱に詰め冷蔵する。クリームは水中油滴型（O/W 型）のエマルジョンであるが，バターは油中水滴型（W/O 型）のエマルジョンになっている。

(7) 練　　乳

練乳は，牛乳または脱脂乳を濃縮したもので，ショ糖を添加した加糖練乳（sweetened condensed milk，コンデンスミルク，牛乳に 16％のショ糖を添加し約 1/3 に濃縮），加糖脱脂練乳と，牛乳または脱脂乳をそのまま濃縮した無糖練乳（evaporated milk，エバミルク，牛乳を約 1/2.5 に濃縮），無糖脱脂練乳がある。

練乳は製菓原料やアイスクリーム原料として多量に使われている。練乳の成分規格と製造工程を表 3-9 と図 3-14 に示した。

表 3-9　練乳の成分規格

	無糖練乳	無糖脱脂練乳	加糖練乳	加糖脱脂練乳
乳固形分(%)	25.0 以上		28.0 以上	25.0 以上
うち乳脂肪分(%)	7.5 以上		8.0 以上	
無脂乳固形分(%)		18.5 以上		
水分(%)			27.0 以上	29.0 以上
糖分(乳糖を含む)(%)			58.0 以下	58.0 以下
細菌数(1 ml 中)	0	0	5 万以下	5 万以下
大腸菌群			陰性	陰性

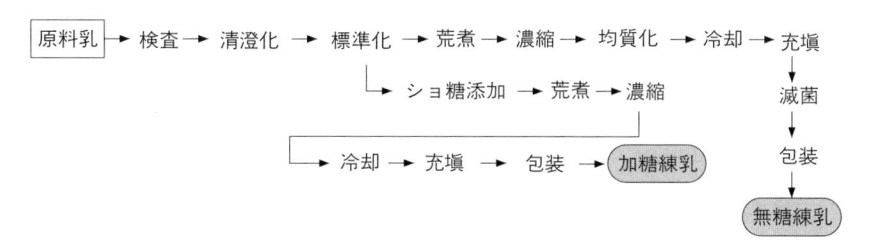

原料乳 → 検査 → 清澄化 → 標準化 → 荒煮 → 濃縮 → 均質化 → 冷却 → 充填 → 滅菌 → 包装 → 無糖練乳

　　　　　　　　　　　　　　　└→ ショ糖添加 → 荒煮 → 濃縮 → 冷却 → 充填 → 包装 → 加糖練乳

図 3-14　加糖練乳と無糖練乳の製造工程

加糖練乳の製造では，原料乳を検査後，清澄化，標準化し，しょ糖を添加する。この乳を75〜80°Cで約10分間加熱するか，110〜120°Cで数秒間，加熱殺菌する。この工程を荒煮といい，牛乳を殺菌すると同時にしょ糖を完全に溶解させる。次に乳を牛乳濃縮機に移し，50°Cで約1/3に減圧濃縮する。濃縮終了後，乳糖の微粉末を乳量の0.04〜0.05％添加し，乳の温度を20°Cまで下げて乳糖を結晶化させる[1]。約12時間放置後，缶に脱気充填する。

加糖練乳は，高濃度のしょ糖（製造中の糖比62.5〜64％）が加えられているので，開缶後も1週間程度は保存性がある。

無糖練乳は原料乳の標準化の際，乳に熱安定剤（リン酸ナトリウム，クエン酸ナトリウムなど）を加えて，加糖練乳より高い温度（90〜95°C，10〜15分）で荒煮し殺菌する。この乳を加糖練乳と同様の操作で1/2〜1/2.5に濃縮する。次に脂肪の分離を防止するために均質化し，缶に脱気充填する。最後に115〜120°Cで，15〜20分間加熱滅菌する。滅菌後冷却してから，製品のテクスチャーをよくするために，缶を約20分間振とう機で振とうする[2]。

無糖練乳は高温加熱と均質化により胃の中でソフトカードとなるため消化性がよい。しょ糖を加えていないので開缶後の保存性は低い。

(8) 粉　　乳

粉乳は牛乳から水分を除去し粉末状にしたものである。乾燥により容積が小さくなっているので貯蔵性や輸送性にすぐれている。

粉乳には，全粉乳（全脂粉乳，普通の牛乳を濃縮乾燥したもの），脱脂粉乳（スキムミルク，脱脂乳を濃縮乾燥したもの），加糖粉乳（牛乳にしょ糖を加えて乾燥したもの），調製粉乳[3]（育児用の粉乳，母乳に近い組成にするためホエーたんぱく質を増強したり，脂肪の質を変え，さらに糖質，各種ビタミン，鉄などを強化してあ

---

1) 乳糖を微結晶化することで製品の舌ざわりをよくする。
2) たんぱく質の凝固物（カード）を細かく砕く。
3) たんぱく質のカゼインを減らし，UHT処理，均質化処理してあるので乳児の胃の中でソフトカード化し，消化吸収がよい。

る）などがある。この他に粉末バターミルク，粉末ホエー，粉末クリーム，粉末アイスクリームミックスなどもある。脱脂粉乳の製造工程は図 3-15 のようである。

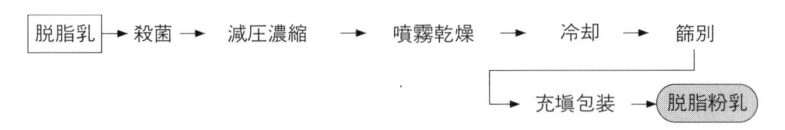

脱脂乳 → 殺菌 → 減圧濃縮 → 噴霧乾燥 → 冷却 → 篩別 → 充填包装 → 脱脂粉乳

図 3-15　脱脂粉乳の製造工程

脱脂乳をバッチ式殺菌または UHT 殺菌後，1/3～1/4 に減圧濃縮する。次にこの乳を 150～220°C の熱風中に噴霧し乾燥する。この粉末を冷却，篩別後，容器に充填し，脱気するか窒素ガスで置換し密封する。インスタントスキムミルク製造の場合は，乾燥した粉末に蒸気をあてるか，水滴を噴霧し，粉乳の水分含量を約 10％にする。この結果粉乳どうしが付着し団粒化する。これを 100～130°C で熱風乾燥すると，多孔質で，水にとけやすく分散性のよいインスタントスキムミルク[1]ができる。

3．卵の加工品

ほとんどが鶏卵。ほかに，うずら卵，あひる卵の加工品もある。殻付卵の消費が約 80％を占める。最近は加工食品として利用される割合が増加している。卵の加工品は一次加工卵（液卵，冷凍卵，濃縮卵，乾燥卵）と卵利用製品（二次加工品）に分けられる。

1）一次加工卵

割卵，冷凍，濃縮，乾燥などにより，卵本来の機能を損なわないよう加工したもの。全卵，卵白，卵黄の製品がある。保管，輸送が容易になり，利便性が向上する。製菓，製パン，水産加工品などの原料として広く利用される。

1）通常の脱脂粉乳の粒径は 70～80 μm であるが，インスタントスキムミルクの粒径は 200～300 μm である。

① 液　卵　　割卵して内容物を集めたもの。一次加工卵はまず液卵に加工される。生液卵として利用するほか，冷凍卵，濃縮卵および乾燥卵の原料となる。液卵の製造工程は次のとおりである。

殻付卵 → 検卵 → 割卵 → 均質化 → ろ過 → 殺菌 → 充塡 → 液卵

図3-16　液卵の製造工程

割卵は高速割卵機（500個以上/分）で行う。卵たんぱく質が変性を起こさないレベルで低温殺菌して製品とする。通常，12.5〜20 kgの丸型または角型のブリキ缶が用いられる。

② 冷凍卵　　卵白は冷凍による変性が少ないのでそのまま冷凍される。全卵および卵黄は冷凍変性（粘度増加，ゲル化など）しやすいので食塩，砂糖，変性防止剤（界面活性剤など）を添加して−15〜−18℃で冷凍される。添加に当たっては発泡を防ぐために真空攪拌機が用いられる。

③ 濃縮卵　　全卵および卵白は水分が70％以上含まれるため，保管，輸送のために濃縮されることが多い。全卵は濃縮に当たって変性を防ぐために砂糖を加え，約60℃で真空濃縮される。2倍濃縮製品の流通が多い。卵白は熱変性しやすいので，逆浸透や限外ろ過による膜処理技術により濃縮される。

④ 乾燥卵　　乾燥法としては噴霧乾燥法（ノズルから高温で噴霧させ，熱風により瞬間的に乾燥）あるいはパンドライ法（浅いバットによる。50〜55℃に加温して温風乾燥でフレーク状に乾燥）がある。鶏卵中には約0.3％の遊離グルコースが含まれるため，そのまま乾燥するとアミノカルボニル反応により褐変するので，乾燥に先立って脱糖処理が行われる。脱糖法としては自然発酵法，細菌発酵法および酵素脱糖法がある。

2）卵利用製品（二次加工品）

鶏卵には熱凝固性，ゲル形成能，乳化性，起泡性などの特性がある。これらを生かした二次加工品が製造される。主な卵利用製品としては，ロングエッグ，ピータン，マヨネーズがある。

① **ロングエッグ**　卵をチューブに詰め，加熱処理した製品。二重のチューブ状容器の外側に卵白を流し込んで加熱凝固させ，中のチューブを抜き取って卵黄を流し込んで加熱凝固させ，真空パック後，殺菌，冷却，冷蔵される。径が均一な円柱状のゆで卵となる。エッグロールとも呼ばれる。

② **皮蛋**（ピータン）　中国で古くから作られている製品。元来はあひるの卵から作られる。たんぱく質のアルカリ変性を利用するのが特徴。卵の外側に食塩，生石灰，草木灰などをペースト状にしたものを1cmの厚さに塗り，籾殻をまぶしてかめの中で約1カ月ほど貯蔵して作る。卵白は褐色の透明感のあるゼリー状となり，卵黄は卵白のアルカリ分解によって発生した硫化水素などにより暗緑色となる。

③ **マヨネーズ**　植物油，卵，酢を主原料として調味料，香辛料を加えて作られ，卵黄のレシチンにより乳化された水中油滴型エマルジョンの半流動状食品である。JASではドレッシングの一つとして定義され，卵白，卵黄以外の乳化安定剤，着色剤の使用が禁止され，水分含量30％以下，油脂65％以上と規定されている。全卵を使用した全卵タイプと卵黄のみを使用した卵黄タイプがある。マヨネーズの製造工程の概略は次のとおりである。

卵黄（全卵），食塩，調味料 → 混合 → サラダ油添加 → 撹拌・乳化 → 充填 → マヨネーズ

図 3-17　マヨネーズの製造工程

④ **その他の卵利用食品**　マイクロ波加工卵（カップ麺の具材），シート状加工卵（薄焼き卵，クレープなど），インスタント卵スープなど。また，鶏卵中には種々の生理活性物質（リゾチーム，アビジン，卵黄レシチンなど）が含まれており，医薬・化粧品にも利用される。

〔参考文献〕
・沖谷明紘編：シリーズ 食品の科学　肉の科学，朝倉書店，1996
・森田重廣：最新食品加工講座 畜肉とその加工，建帛社，1982

- 神谷　誠：新版 畜産食品の科学，大日本図書，1983
- 天野慶之・藤巻正生・安井　勉・矢野幸男編：食肉加工ハンドブック，光琳，1980
- 社団法人 日本食肉加工協会編，津郷友吉・藤巻正生監修：実際食肉加工技術シリーズ　ハム・ベーコン，地球出版，1972
- 中江利孝編著：乳・肉・卵の科学－特性と機能－，弘学出版，1986
- 浅野悠輔・石原良三編著：卵－その化学と加工技術，光琳，1985
- 佐藤　泰編著：食卵の科学と利用，地球社，1980

第4章

水産加工品

　魚介類・藻類の加工品がある。わが国の伝統的な加工品や地域特産品が多く先人たちの英知の賜物といえる。

　魚介類には多獲期（旬）の限られるものが多い。一方で鮮度低下が著しく，腐敗しやすいため各種の加工法が発達した。

1. 魚介類の加工品

(1) 冷　凍　品

　魚介類を急速に凍結し，凍結状態のままで貯蔵したものをいう。

　凍結点以下では細菌や酵素による作用が抑制され，生鮮状態での長期保存が可能となる。解凍すればいつでも生鮮品とほぼ同じように利用でき，価格も安定する。

　魚介類の冷凍品は，ばら売りの冷凍品や加工原料用のものなど，生鮮状態を保つのが目的のものと，フライ類などの調理冷凍食品がある。

1) 冷 凍 方 法

　鮮魚介類の冷凍方法は，種類により異なるが，一般的には図4-1のように急速凍結される。

```
原料 → 水洗 → 予冷 → 凍結 → グレージング → 包装
       ↓
    冷凍・貯蔵
```

図4-1　魚介類の冷凍工程

2) 解　　凍

　食品中の氷結晶を融解して凍結品を元の状態に戻すことを解凍という。理想的な解凍は凍結前の状態またはそれに近い状態に復元させることで，このためには解凍温度を低くし，しかも短時間に解凍する必要がある。しかし，このような条件を同時に満足させることは不可能で，食品の用途に応じて0℃で緩慢解凍したり，室温で解凍したり，水に浸漬したりしている。

　いずれにしろ解凍した魚介類は品質の劣化が進みやすいので，解凍後，速やかに調理することが大切である。

(2) 乾　燥　品

　魚介類は水分含量が高く，微生物が繁殖し，腐敗しやすい。そのために古より水分含量を低下させる乾燥法を取り入れた製品が多く生み出された。また，乾燥だけでなく，食塩を添加し，微生物の繁殖抑制効果を高めることもできる。

　乾燥品は乾燥を十分にしないと表面だけが乾燥した"うわ乾き"という現象を起こしたりする。また，乾燥中に脂質が酸化したりするために注意する必要がある。

1) 素干し品・煮干し品

　原料を生のまま，あるいは塩水で加熱後，乾燥した製品。小型か身の薄いもの，あるいは卸して乾燥しやすくしたものが多い。主な素干し品を表4-1に示した。

2) 節　　類

　魚肉を煮熟した後，焙乾と放冷をくり返して，大きな肉片に香気を付与しながら均一に乾燥させた焙乾品。さらに，かび付けをして脂質を減らし，肉肌を緻密にして香味と色沢をよくする。

　かつお節，まぐろ節，さば節，いわし節など，赤身魚を原料にして作られる。元来は，わが国独自の保存用水産加工品であったが，昨今は，だし汁用などにかび付けを行わない荒節を，薄く削った削り節が多用されている。

表 4-1　素干し品の種類

製　品	原　　料	備　　考
するめ	やりいか けんさきいか するめいか	
身欠きにしん	肥大した卵巣を持つにしんが良品	
田作り	かたくちいわしの幼魚（背魚いわし）	正月料理に使われる
干しだら	まだら，すけそうだら	
ふかの鰭	さめ類の鰭	中国では魚翅といって珍重
たたみいわし	まいわしやかたくちいわしの稚魚（しらす）	

① **かつお節**　かつお，そうだかつおから作る節をいう。湯煮した魚肉を本乾きになるまで焙乾する。85〜100℃で焙乾・乾燥を10〜15回繰り返す。水分は20％ほどになり，表面は黒褐色のタールでおおわれる（荒節）。タール，脂肪を削りとり（裸節），かび付けを行う。

かび付けの利点は，①かび（*Aspergillus* 属）が繁殖するために水分，脂質が減少し，かつお節特有の香気が発生する　②付けるかび（優良かび）が繁殖するために他の不良かびの繁殖を抑制することである。かつお節の種類と製造工程を表4-2，図4-2に示した。

表 4-2　かつお節の種類

名　称	
なまり節	焙乾1回（水分多い）
新節	焙乾3〜4回
荒節（鬼節）	焙乾10〜15回
裸節（赤剝ぎ）	荒節を天日で乾燥後，表面の黒褐色の汚れを削る
本枯節	
本節　雄節	背肉から作ったもので4回かび付け
雌節	腹肉から作ったもので4回かび付け
亀節	小型かつおの片身。4回かび付け

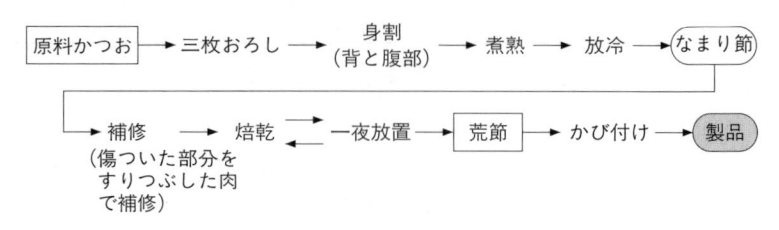

原料かつお → 三枚おろし → 身割(背と腹部) → 煮熟 → 放冷 → なまり節
→ 補修(傷ついた部分をすりつぶした肉で補修) → 焙乾 → 一夜放置 → 荒節 → かび付け → 製品

図 4-2　かつお節の製造工程

② 雑節　かつお，そうだかつお以外の魚種から作られた節類（まぐろ，さば，いわし，あじ等）を雑節という。いずれも削り節の原料とされるため，工程はかつお節ほどには丁寧には行わない。

③ 削り節　各種の節類を薄く削ったもので，かつお節やそうだ節を原料としたものを花がつおという。水分は低く（12％程度），貯蔵性はよいが，脂質は酸化されやすいので，プラスチックの袋に入れ，袋内を窒素ガスで置換した袋詰製品として流通される。

3）焼干し品

魚介肉を焼いて乾燥すると，特有の香気と食感が生じる。また日持ちも良くなる。

浜焼きだい，かれい，あゆ，わかさぎ，はぜ，ふな，うぐいなどが代表例。

4）凍乾品

凍乾法による水産加工品は明太がある。明太はすけそうだらの凍乾品で，凍結と融解を繰り返して脱水乾燥したものである。製品は長期の貯蔵に耐えるが，製品の肉質がスポンジ化し，害虫やかびにおかされることがある。

(3) 塩蔵品

乾燥法とともに水産物の貯蔵法として古くから行われてきた。現在でも塩蔵品の生産は多いが，貯蔵を主目的とした食塩含量の多い製品から，薄塩の要冷蔵製品に移行している。

食塩の静菌作用はきわめて弱く，1～3％の食塩濃度では腐敗細菌や病原菌

はかえって繁殖が促進されるものが多い。一般には食塩濃度15％以上になると細菌の繁殖は抑制される。代表的な塩蔵品を表4-3に示す。

1) 塩蔵魚類

さけ，ますが多い。他には，たら，さば，かたくちいわし，ぶり，にしん，まいわし，さんま，ほっけなどがある。

2) 魚卵塩蔵品

① **すじこ**　さけ，ます類の卵巣を塩蔵したものをすじこという。

② **いくら**　「イクラ」はロシア語で魚卵をさすが，わが国ではさけ，ます類の卵巣から分離した卵粒の塩蔵品をいう。すじこより成熟の進んださけ，ますの卵粒を使用する。

③ **たらこ**　まだら，すけそうだらの卵巣の塩蔵品をいう。福岡県や韓国

表 4-3 代表的な塩蔵品

種　類	製　造　方　法
塩ざけ	
・塩引きざけ	腹開きしたさけ→水洗→撒塩法（まきじお）（40％）で塩蔵
・新巻きざけ	さけ→甘塩漬（20％）
魚卵	
・すじこ・いくら 　（さけ・ますの卵）	食塩水に漬ける立塩法（たてしお）（7％）
・たらこ（すけそうだらの卵）	撒塩法（12〜15％）
・かずのこ（にしんの卵）	〃
・キャビア（ちょうざめの卵）	立塩法（8〜10％）
塩辛	
・いか（するめいか）	
赤作り	皮あり ⎫
白作り	皮なし ⎬ 胴・肝臓のつぶしたものに塩を加えて熟成
黒作り	墨袋あり ⎭
・酒盗（かつお）	かつおの内臓を塩（20％）を加えて熟成
・めふん	さけの腎臓
・うるか	あゆの内臓（苦うるか）
・うに	うにの卵巣
・このわた	なまこの腸

ではとうがらしを加えて塩蔵している。これは明太子（めんたいこ）と呼ばれる。

④ **キャビア**　ちょうざめの卵粒を塩漬にしたもの。

3）塩　　辛

塩辛は，魚介類の肉，内臓，卵などに食塩を添加し，熟成させたもの。食塩により腐敗を抑制しながら，自己消化酵素あるいは他に加えた麹の酵素などによって原料の分解が進み，特有の風味が付与される。

最も代表的な，いかの塩辛（赤作り）の製造工程を図 4-3 に示した。

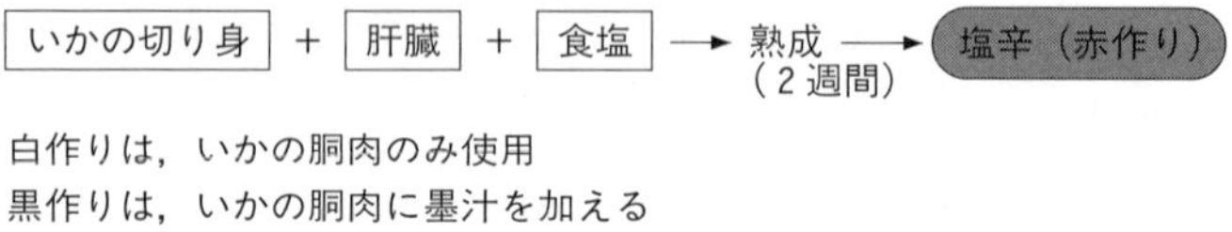

```
いかの切り身 ＋ 肝臓 ＋ 食塩 ─→ 熟成 ─→ 塩辛（赤作り）
                                （2週間）
```

白作りは，いかの胴肉のみ使用
黒作りは，いかの胴肉に墨汁を加える

図 4-3　いか塩辛（赤作り）の製造工程

(4) 練 り 製 品

魚肉に 2〜3％の食塩を加えてすりつぶし，調味料その他の副原料を加え，加熱凝固させた製品。すけとうだらの冷凍すり身や，主として白身魚を原料にして作る。

主な練り製品の種類と，かまぼこの製造工程を表 4-4 と図 4-4 に示した。

練り製品には弾力のある特有な食感がある。この弾力と食感を"足"と呼ぶ。魚肉を塩ずりすると，塩類可溶性のたんぱく質がほとんどはアクトミオシンの形で溶出してくる。アクトミオシンは繊維状の分子で，これを成形して放置すると互いにからみあってゲル化する。この現象は"坐り"と呼ばれる。これを加熱すると熱変性して，繊維状たんぱく質の分子間に架橋ができ，弾力のある足が形成される。

足の強さは，魚の種類，食塩の使用量，加熱方法などによって異なる。一般に，同一魚種では，新鮮なものほど足が強く，鮮度の低下とともに弱くなる。特に赤身魚ではこの変化が顕著で，白身魚に比べると急速にゲル形成能を失う。また，食塩は 3.5％程度，加熱は高温で行うほど足が強くなる。

表 4-4　主な練り製品

製品名	主な原料	加熱法
かまぼこ	脂肪の少ない白身魚 でんぷん，重合リン酸塩他を使ったすり身	・蒸す（蒸しかまぼこ） ・蒸してから表面を焼く（焼きかまぼこ） ・あぶり焼き（焼き抜きかまぼこ）
ちくわ	すり身	かまぼこと同様
鳴戸巻き	すり身＋赤く着色したすり身	蒸煮
はんぺん	すり身＋すりおろしたやまいも	湯煮
薩摩揚	すり身＋にんじん，ごぼうの細切り	油で揚げる
かに風味かまぼこ	すり身	ゆでるか蒸す
魚肉ハム・ソーセージ	すり身，まぐろ，かじき類	ゆでる

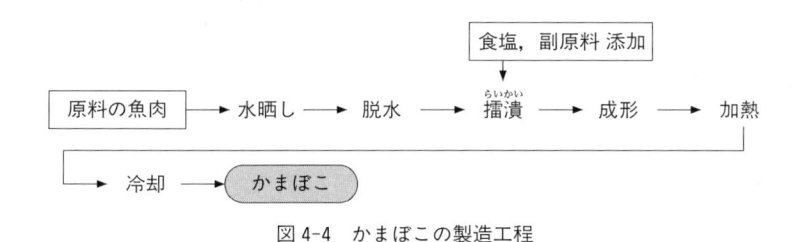

原料の魚肉 → 水晒し → 脱水 → 擂潰（らいかい）[食塩，副原料 添加] → 成形 → 加熱 → 冷却 → かまぼこ

図 4-4　かまぼこの製造工程

(5) 水産缶詰・びん詰

　水産缶詰は，わが国の缶詰製造で最も古い歴史をもつ（1871；いわし油漬）。調理法や肉詰法などで独特な製品が多いが，いずれも缶詰製品の常法で作られる（図 4-5）。一般に注入液の種類別に表 4-5 のように分類される。大半は輸出用である。びん詰は，塩辛や佃煮類の製品が多い。

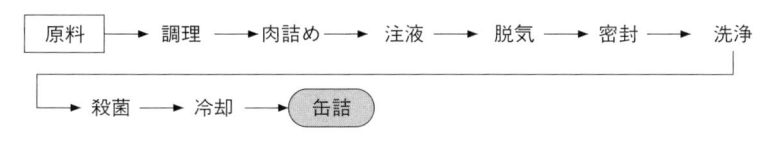

原料 → 調理 → 肉詰め → 注液 → 脱気 → 密封 → 洗浄 → 殺菌 → 冷却 → 缶詰

図 4-5　水産缶詰の製造工程

表 4-5 水産缶詰・びん詰の種類と製造法

種類	原料	製造法
水煮缶	さけ, かに, 貝柱, あさり, さば	原料に少量の食塩を添加
油漬缶	まぐろ, いわし	魚をオリーブ油, 綿実油などとともに詰める
トマト漬缶	いわし, さんま	魚肉をトマトピューレとともに詰める
くん製缶	にしん, かき	くん製魚介に植物油を添加
味付缶	さんま, さば, いわし, かつお, 貝, いか, 小魚類	しょう油, その他の調味料で味付け
びん詰 塩辛類	いか, かつお, うに, 佃煮のり	・原料を肉詰めして製品とする。 ・原料を脱水, 煮熟し製品とする。

(6) くん製品

さけ, ます, にしん, たら, いか, たこ, かきなどの製品が多い。塩漬けして乾かしたものを, くん煙の常法によって作る。近年は, 薄塩でソフトな製品が主流。

主な製品の製法と特徴を表 4-6 に示した。

表 4-6 くん製品と特徴

方法	製品	温度 期間	特徴	保存性
冷くん法	レッドヘリング(冷くんにしん), ラウンドサーモン(棒くんざけ)	15〜30℃ 1〜3 週間	水分 40 %以下 塩分 8〜10 %	高い
温くん法	多くのくん製品 さば, いわし, にしん	30〜70℃ 2〜12 時間	水分 50 %以上 調味は良い	劣る (低温貯蔵 を要す)
液くん法	いか, たら, すけそうだら, ふぐ, こい	5〜10℃ 10〜20 時間	煙と同成分の液 (木酢液, 木タール など)に浸漬する	(低温貯蔵 を要す)

(7) 調味加工品

海に囲まれた日本では，各地で，季節ごとに，実に様々な水産物との出会いがある。これらは，腐りやすい点では共通する。保存性と嗜好性に思いを凝らした先人たちの英知の結晶ともいえる水産加工品をここに集めた。

調味煮熟品，調味乾燥品，水産漬物類を代表的なものとして表4-7にまとめた。地方によって魚種や製法など異なるものが多い。

この他に，魚しょう油がある。

魚しょう油は魚醬(ぎょしょう)とも呼ぶ。魚介類の内臓や肉に含まれる酵素，または麹の酵素によって，食塩の存在下で，たんぱく質をアミノ酸液にしたものである。秋田のしょっつる（はたはた，まいわし），香川のいかなごじょう油，千葉のこうなごじょう油，北海道や能登地方のいかじょう油など，いずれも郷土の文化といえる。

表4-7 代表的な調味加工品の種類と製法

種類	製品名	原料	製法
調味煮熟品	佃煮 しぐれ煮 あめ煮 大和煮 甘露煮	はぜ，かつお，わかさぎ，いかなご，ふな，にじます，いか，はまぐり，あさり，赤貝など	魚介類を砂糖，しょう油，化学調味料などで煮熟する。
調味乾燥品	みりん干し さきいか でんぶ	さんま，かれい，あじ，はぜ，すけそうだら，いか類，えび類など	小型の魚介類を調味液中に浸漬した後，乾燥
水産漬物類	1) ふなずし，さばなれずし，はたはたずし，こうじ漬 2) しめさば，松前漬	1) ふな，さば，はたはた，にしん，いかなど 2) さば，たい，あじ，にしんなど	1) 塩蔵した魚介類を米ぬか，飯，こうじ，酒粕などに漬けて発酵させる。 2) 魚介類をみそ，しょう油，食酢などに漬ける。

2. 藻類の加工品

　海藻類は，寒天，アルギン酸，カラギーナンなど特殊な多糖類を含むものが多い。これらは，ゲル化，増粘，分散，保水，乳化性などの特性をもつため，各種加工食品の製造には欠かせない。

　ところてん（心太）は，1〜2％の寒天液をゲル化させたもの。その他の加工品には次のようなものがある。いずれも身近なもので，和食の基本である。

- 乾燥品：こんぶ，わかめ，のり（あまのり），ひじき，あおさ
- 塩蔵品：わかめ，こんぶ，もずく
- 調味品：こんぶ佃煮，のり佃煮（ひとえぐさ），味付けのり

〔参考文献〕
- 黒川守浩他：食品加工学，中央法規出版，1997
- 須山三千三他：水産食品学，恒星社厚生閣，1996
- 太田冬雄編：水産加工技術，恒星社厚生閣，1996
- 菅原龍幸編：食品加工実習書，建帛社，1995
- 柘植治人他：食物栄養学，培風館，1991

第 5 章

調 味 料

　人の嗜好に適した味（塩味，甘味，酸味，辛味，うま味など），香りを飲食物に付け，食欲を増進させ，食生活を快適にさせるような材料を調味料または調味食品という。調味料には天然物から得られるもののほか，醸造調味料（みそ，しょう油，魚醤など），洋風調味料（ソース，トマトケチャップ，マヨネーズなど），化学調味料（グルタミン酸ナトリウム，核酸系調味料など）がある。その他の調味料としては，化学的合成品（サッカリン，アスパルテーム，乳酸，クエン酸など）も基本調味料として利用されている。

1. みそ（味噌）

　みそは全国各地で生産され，気候，風土に適した地方色豊かな製品が数多く作られ，大豆と米または麦と食塩，あるいは大豆と食塩を原料とした半固形の発酵食品である。

(1) みその製造

　まず，米，大麦，大豆などの原料を加熱処理した後，*Aspergillus oryzae*（アスペルギルス・オリゼ）あるいは *Asp. sojae*（ソーヤ）の働きによってこうじ（麹）を作る。これを食塩 5～12 %くらいになるようにして，塩切麹（しおきり）（麹に食塩を加えて混合したもの），蒸煮大豆，種水（酵母や乳酸菌を溶かした水）をそれぞれ混合して仕込み，発酵・熟成させたものである（図5-1）。

　熟成中のみそには耐塩性酵母の *Zygosaccharomyces rouxii*（チゴサッカロミセス・ルキシー）がアルコール類や香気など，耐塩性乳酸菌の *Pediococcus halophilus*（ペディオコッカス・ハロフィラス）が有機酸類などを作り，

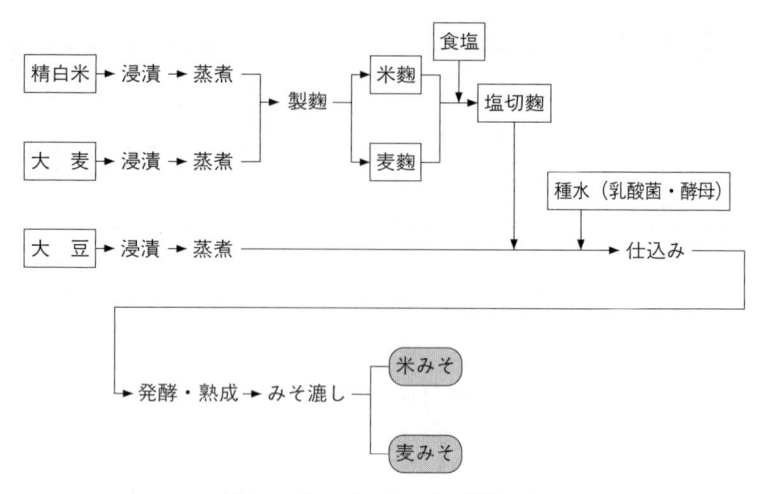

```
精白米 → 浸漬 → 蒸煮 ┐           ┌ 米麹 ┐ 食塩
                      ├ 製麹 ┤       ├→ 塩切麹
大 麦 → 浸漬 → 蒸煮 ┘           └ 麦麹 ┘
                                              種水（乳酸菌・酵母）
大 豆 → 浸漬 → 蒸煮 ─────────────→ 仕込み
                    → 発酵・熟成 → みそ漉し → 米みそ
                                            → 麦みそ
```

図 5-1　米みそ・麦みその製造工程

表 5-1　みその熟成と微生物の作用

主な微生物	微生物の作用
カビ 　*Asp. oryzae* 　*Asp. tamarii* 　*Asp. sojae*	熟成のための酵素（プロテアーゼ，アミラーゼなど）を生成する。
酵母 　*Z. rouxii* 　*Candida versatilis*	アルコール発酵を行い，みそ固有の芳香を生成する。フェルラ酸から4-エチルグアヤコールを生成し，みそに老熟香を与える。
細菌 　（乳酸菌） 　*P. halophilus* 　*Streptococcus faecalis* 　（枯草菌） 　*Bacillus subtilis*	乳酸生成よりpHを下げ，耐塩性酵母の増殖を促進する。 大豆臭を除去する。

またエステル化などが香味の形成に役立っている（表5-1）。

(2) みその種類

みそは普通みそとなめみそに大別される。さらに普通みそは原料によって米

表 5-2　みその分類

みそ	原料による分類	味・色による区分		食塩(%)	熟成期間	主な銘柄と産地
普通みそ	米みそ	甘みそ	白色	5〜7	5〜20日	白みそ,西京みそ,府中みそ,讃岐みそ,
			赤色	5〜7	5〜20日	江戸甘みそ
		甘口みそ	淡色	7〜11	5〜20日	相白甘みそ,中甘みそ
			赤色	10〜12	3〜6ヵ月	中みそ,御膳みそ
		辛口みそ	淡色	11〜13	2〜6ヵ月	信州みそ,白辛みそ
			赤色	12〜13	3〜12ヵ月	仙台みそ,佐渡みそ,越後みそ,津軽みそ 北海道みそ,秋田みそ,加賀みそ
	麦みそ	甘口みそ	淡〜赤色	9〜11	1〜3ヵ月	九州,中国,四国地方
		辛口みそ	赤色	11〜12	3〜12ヵ月	九州,埼玉,栃木
	豆みそ		赤色	10〜12	6〜12ヵ月	八丁みそ,名古屋みそ,三州みそ,二分半みそ
なめみそ	醸造なめみそ			10〜12	5〜20ヵ月	金山寺みそ,比志保みそ
	加工なめみそ			10〜12	5〜20ヵ月	鯛みそ,ゆずみそ

(野白喜久雄他編:醸造の辞典,朝倉書店,1988,一部改変)

みそ,麦みそ,豆みそ,食塩含量によって甘みそ,辛みそ,色調によって赤みそ,淡色みそ,白みそに分けられる(表5-2)。

① **米みそ**　米みその西京白みそは塩分が4.5〜7%で,白く光沢のある甘いみそである。淡色辛みその信州みそは塩分12%で,香味は淡泊である。赤色辛みその仙台みそは塩分13%である。

② **麦みそ**　米のかわりに大麦を用いて作られたもの。田舎みそともいわれ,塩分11%である。九州,四国地方で作られる。

③ **豆みそ**　大豆と食塩を加えて塩切麹を作り,そのまま発酵させたもので塩分11%である。愛知,岐阜,三重の3県で作られる。

④ **なめみそ**　金山寺みそのような醸造なめみそと普通みそに野菜や魚介類と調味料などを加えてつくる加工なめみそがある。

(3) みその風味

みその風味は,麹菌や耐塩性微生物による原料成分の発酵により生成された

各種アミノ酸，有機酸などからなり，香りは酵母由来のエチルエステル類，アルコール類，フェルラ酸からできた4-エチルグアヤコールなどである。

2. しょう油（醬油）

しょう油はみそと同様に日本人の食生活に欠かせない独特の調味料の一つ。しょう油のもつ独特の味や香りは，世界の人々に好まれ，世界の調味料となっている。

(1) しょう油の製造

しょう油の醸造法には，本醸造方式，新式醸造方式，酵素処理・アミノ酸混合方式がある。

① **本醸造方式** 大豆や脱脂大豆に撒水，高圧蒸煮，急冷後，炒り小麦を割砕したものと混合して製麹する。これに食塩水（飽和食塩水を調整して作る）を加えて仕込み，諸味（もろみ）とし，ほぼ6ヵ月から1年間かけて発酵熟成し，圧搾して生（き）しょう油（生揚げ）とする。しょう油もろみの中では，耐塩性酵母の *Zygosaccharomyces rouxii*（チゴサッカロミセス・ルキシー），*Candida versatilis*（カンジダ・ベルサチリス）や耐性塩乳酸菌 *Pediococcus halophilus*（ペディオコッカス・ハロフィラス）が増殖し，糖類，有機酸，アミノ酸などを作り，またエステル化などが香味の形成に関与している。さらに80°C，10分加熱（火入れという）・澤（おり）引き（ろ過）すると，しょう油独特の香りと赤褐色の美しい色になる。しょう油の仕込みに用いるこうじ菌は，*Aspergillus sojae*（アスペルギルス・ソーヤ）または *Asp. oryzae*（オリゼ）のどちらかに属し，*Asp. sojae*（ソーヤ）はたんぱく質の分解力が強く，*Asp. oryzae*（オリゼ）はでんぷん分解力が強い特色がある（図5-2 表5-3）。

② **新式醸造方式** あらかじめ原料のたんぱく質を希塩酸で部分的に加水分解し，炭酸ソーダで中和して得られるアミノ酸分解液，または酵素で処理した後，本醸造の諸味または生揚げしょう油に加えて発酵・熟成させたもの。短期間に製造できる。

③ **酵素処理・アミノ酸混合方式** 本醸造または新式醸造のしょう油にア

2. しょう油（醬油） 127

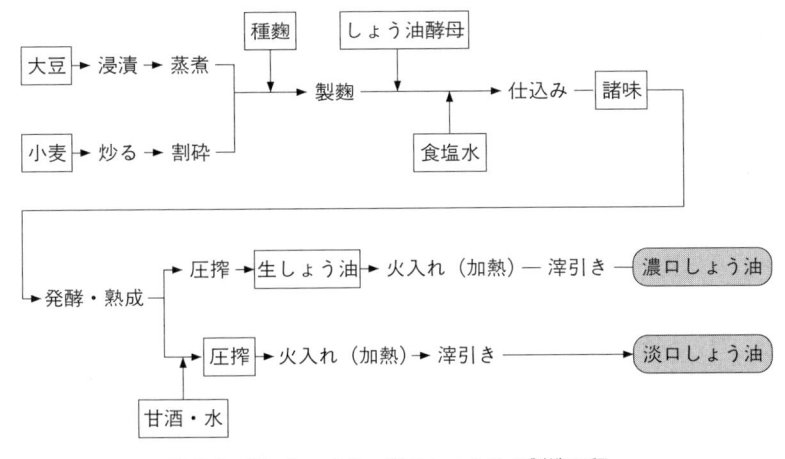

```
大豆 → 浸漬 → 蒸煮 ┐    種麴   しょう油酵母
                    ├→ 製麴 ────→ 仕込み ─ 諸味
小麦 → 炒る → 割砕 ┘         ↑
                           食塩水

     ┌─────────────────────┘
     └→ 発酵・熟成 ┬→ 圧搾 → 生しょう油 → 火入れ（加熱） ─ 滓引き ─→ 濃口しょう油
                  │        ↑
                  └→ 圧搾 → 火入れ（加熱） → 滓引き ──────────→ 淡口しょう油
                           ↑
                        甘酒・水
```

図 5-2　濃口しょう油・淡口しょう油の製造工程

表 5-3　しょう油の熟成と微生物の作用

主な微生物	微生物の作用
カビ *Asp. oryzae* *Asp. sojae*	熟成のための酵素（プロテアーゼ，アミラーゼなど）を生成する。
酵母 *Z. rouxii*（主発酵酵母） *C. versatilis*（後熟酵母）	アルコール発酵を行い，しょう油固有の芳香を生成する。芳香成分の4-エチルグアヤコールを生成する。
細菌 （乳酸菌） *P. sojae* *P. halophilus*（耐塩性）	諸味のpHを下げ，酵母の増殖を助け，また酸味と香味を生成する。

ミノ酸液を混ぜ合わせて作られる。製造はいずれも短期でできる。

(2) しょう油の種類

しょう油の種類には，濃口しょう油，淡口しょう油，溜しょう油，白しょう油，再仕込みしょう油（甘露しょうゆ）があり，日本農林規格（JAS）で品質が規格化されている（表5-4）。

表 5-4　しょう油の種類

種類	主な原料	食塩(g/100 ml)	全窒素(g/100 ml)
濃口しょう油	小麦，大豆（等量）	17.15〜17.33	1.549〜1.566
淡口しょう油	小麦，大豆（等量）	18.96〜19.30	1.178〜1.190
溜しょう油	大豆（小麦 1/4 以下）	17.00〜17.30	1.665〜2.311
白しょう油	小麦，大豆	17.75〜18.05	0.480〜0.505
再仕込みしょう油	小麦，大豆	15.30	2.089

（野白喜久雄他編：醸造の辞典，朝倉書店，1988，一部改変）

① **濃口しょう油**　しょう油全生産量の 85 ％を占めており，濃厚で香気が強く，臭いの多い魚などの料理やつけしょう油，かけしょう油，たれしょう油などに使われる。

② **淡口しょう油**　関西料理の食材そのものの持味や色合いをいかすために発達した色の淡いしょう油で，兵庫県竜野市を中心に製造されてきた。

③ **溜しょう油**　溜（たまり）ともいい，愛知，三重，岐阜 3 県で生産する大豆のみを原料とし，とろりとした感じの黒っぽい色をした濃厚な味のしょう油で，刺身のつけしょう油や照り焼などに使われる。

④ **白しょう油**　愛知県地方でつくられる色調のごく淡いしょう油で，淡泊な味があり，めん類のつゆや吸い物，鍋料理などに使われている。

⑤ **再仕込みしょう油**　麹を仕込むのに食塩水の代わりに火入れをしていない濃口しょう油の諸味を仕込み，熟成搾汁した生揚げをもって第 2 の諸味を仕込んだものである。再製しょう油，または甘露しょう油ともいい，山口県柳井市を中心に生産され，成分が濃厚で刺身しょう油，蒲焼のたれに使われる。

⑥ **生揚げしょう油**　発酵，熟成させた諸味を圧搾して得られた状態のもので，火入れをしていない生しょう油である。

⑦ **減塩しょう油**　濃口しょう油の塩分量を 50 ％以下（食塩濃度 8〜9 ％）にしたしょう油であり，高血圧症や腎臓病で食塩の摂取を制限された人に使用される特別用途食品である。

そのほかには魚しょう油があり，魚介類に食塩を加えて，原料に含まれる酵素の作用によって，たんぱく質を分解した液体調味料である。これには秋田の

しょっつる，能登のいしる（いかじょう油），四国のいかなごしょう油などがある。

(3) しょう油の呈味成分

しょう油の呈味成分は，糖類のグルコース，フルクトース，アミノ酸のグルタミン酸，アスパラギン，有機酸の乳酸，酢酸，コハク酸，クエン酸などである。また，しょう油特有の香気成分はアルコール類，各種エステル，4-エチルグアヤコールなどの数十種類の成分からなり，しょう油の色は発酵熟成中に起こる糖とアミノ酸のアミノ・カルボニル反応によって生成したメラノイジンという着色物質である。

3. 食　酢

食酢は4～5％の酢酸を主成分とし，種々の有機物，糖類，アミノ酸，エステルなどを含む酸性調味料で醸造酢，合成酢，両者を混合したものがある。

(1) 食酢の製造

食酢の製造法には静置培養法（表面発酵法）と深部培養法（全面発酵法）がある。静置培養法は食酢の一般的な製法であり，アルコールを含む食酢用諸味の表面に酢酸菌（$Acetobacter\ pasteurianum$ アセトバクター・パスツーリニューム など）の菌膜を形成し，酢酸を生成する力が強い。また深部培養法はタンク培養法で特殊の酢酸菌（$Acetobacter\ aceti$ アセトバクター・アセチ など）によって作られる速酢法である。

(2) 食酢の種類

食酢は，醸造酢と合成酢に大別される。

① **醸造酢**　米，大麦を米麹，麦芽として，でんぷんの糖化とアルコール発酵を行わせて酒醪（もろみ酒）を作り，これに酢酸菌を加えて酢酸発酵させた穀物酢と，りんご，ぶどうなどの果汁を直接アルコール発酵させた後，酢酸

1. 穀物酢

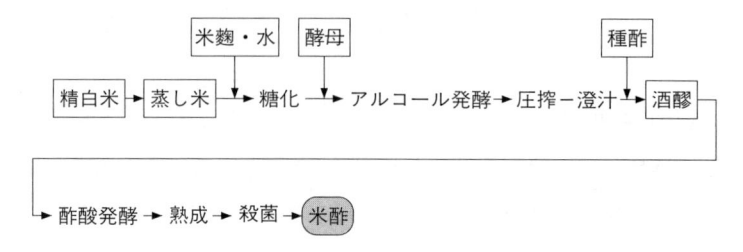

```
                    米麹・水    酵母                          種酢
                      ↓         ↓                           ↓
  精白米 → 蒸し米 → 糖化 → アルコール発酵 → 圧搾－澄汁 → 酒醪
                                                              ↓
  → 酢酸発酵 → 熟成 → 殺菌 →（米酢）
```

2. 果実酢

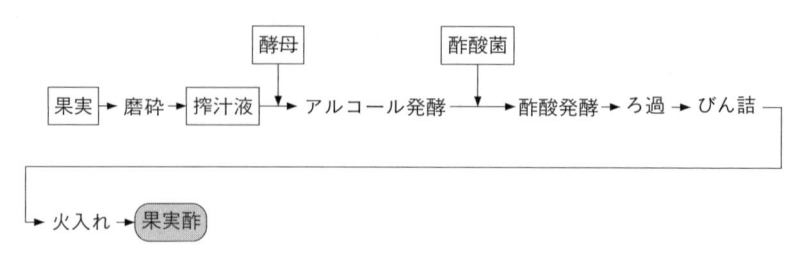

```
                      酵母           酢酸菌
                       ↓              ↓
  果実 → 磨砕 → 搾汁液 → アルコール発酵 → 酢酸発酵 → ろ過 → びん詰
                                                             ↓
  → 火入れ →（果実酢）
```

図 5-3　食酢の製造工程

表 5-5　食酢の分類

分類		主原料の利用量	酸度
醸造酢	穀物酢 ┬ 穀物酢	穀類の使用量が 1 l 中 40 g 以上であるもの	┐ 4.2 % 以上
	└ 米　酢	穀物酢であって米の使用量が 1 l 中 40 g 以上であるもの	┘
	果実酢 ┬ 果実酢	果実の搾汁の使用量が 1 l 中 300 g 以上であるもの	┐
	├ りんご酢	果実酢であってりんごの搾汁の使用量が 1 l 中 300 g 以上であるもの	│ 4.5 % 以上
	└ ぶどう酢	果実酢であってぶどうの搾汁の使用量が 1 l 中 300 g 以上であるもの	┘
	醸造酢 ── 醸造酢	穀物酢，果実酢以外の醸造酢	4.0 % 以上
合成酢	合成酢	醸造酢の使用割合が 60 % 以上であること（業務用は 40 %）	4.0 % 以上

(野白喜久雄他編：醸造の辞典，朝倉書店，1988，一部改変)

菌を作用させた果実酢がある（図 5-3）。

　醸造酢は原料によって，米からは米酢，酒粕からは粕酢，ビール麦からは麦芽酢（モルトビネガー）の穀物酢，りんご・ぶどうからはりんご酢（アップルビネガー）・ぶどう酢（ワインビネガー）の果実酢，穀物酢・果実酢以外の醸造酢がある（表 5-5）。

② **合成酢**　氷酢酸または酢酸を4～5％程度に希釈したものに各種甘味料，酸味料，化学調味料，食塩などを加えたものと，氷酢酸または酢酸に醸造酢を加えたものがある。

(3) 食酢の味

　食酢の味は酢酸の酸味に加えて糖質の甘味，アミノ酸のうま味などが関与し，香気成分としては，クエン酸，リンゴ酸，コハク酸などの有機酸，アルコール，カルボニル化合物，エステル類などである。

　食酢の用途は，すし，酢の物，酢漬など伝統的な和風料理の味付けに使われてきたが，最近では，ソース，マヨネーズ，ドレッシングなどの副原料に使われている。

4．みりん（味醂）

　みりんはアルコールと糖分を多く含んだ淡黄色透明な液体で，調味料，直接飲料として利用されている再製酒（混成酒）である。みりんは，本みりんと本直しの2種類に分けられる。

　本みりんの製造は，蒸しもち米，米麹に焼酎あるいはアルコールを加えて麹の酵素アミラーゼによって糖化した後，圧搾ろ過したものである。主産地は愛知県三河地方である。アルコール分13.5～14.5％，糖分38～40％を含み甘味が強く濃厚なので，料理の風味を整えたり，焼き物の照りをよくするなど調理用にされる。

　本直しは，酒税法上みりんのうちエキス分16％未満のもの。本みりんに焼酎やアルコールを加えて圧搾し，ろ過したものでアルコール分を22％前後に高め，糖分を8％程度に低めたもので飲用酒として用いられる（図5-4）。

　その他，アルコール分1％未満で，ぶどう糖，水あめアミノ酸などを加えて，みりんに近い味にした，みりん風(ふう)がある。これは酒類ではない。

132　第5章　調味料

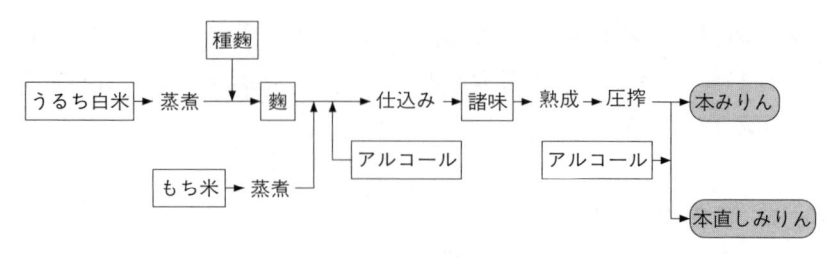

図5-4　みりんの製造工程

5. ウスターソース

　ウスターソースは野菜の煮汁に糖類，香辛料，酸味料，調味料などを加えた液体あるいは半流動体の調味料。料理の風味，色彩などを調和し，材料の味を引立てる役割を持っている。ヨーロッパでは液体調味料を総称してソースといい，トマトケチャップ，マヨネーズ，ドレッシングなどを指し，数百種以上のソースがあるといわれている。日本ではソースといえば通常ウスターソースをいう。

　ウスターソースの製法は，たまねぎ，にんじん，にんにく，トマトピューレーなどの野菜・果実類の煮出し汁または粗ごしした搾汁液に砂糖，食塩，アミノ酸液などの調味料，とうがらし，こしょう，丁香，桂皮，セージなどの一部の香辛料および着色料としてカラメルを加えて煮熟し，熱いうちに残りの香辛料，食酢を加えて調味し，貯蔵，熟成させたものである（図5-5）。

　ソースの種類は日本農林規格により，ウスターソース，中濃ソース，濃厚ソ

図5-5　ウスターソースの製造工程

ースになっている。ウスターソースは不溶性固形分をほとんど含まず，粘度が100 CPS（センチポアーズ）未満のものである。中濃ソースは不溶性固形分を含み，粘度100〜1,500 CPSのものである。濃厚ソースは不溶性固形分を多く含み，粘度が1,500 CPS以上のものである。

6. 各種調味料

(1) 天然調味料

　天然調味料は，畜肉類，魚介類，野菜類，脱脂大豆，小麦グルテンなどの原材料から成分を直接熱水で溶出させ濃縮したエキス系調味料と酸や酵素により加水分解したアミノ酸系調味料とに分けられる。

(2) 風味調味料

　風味調味料は，調味料（アミノ酸など）および風味原料（かつお節，こんぶ，干し貝柱，干ししいたけなどの粉末または抽出濃縮物）に糖類，食塩などを加え，乾燥し，粉末状，顆粒状などにしたものであって，調理の際に風味原料の香りおよび味を付与するものをいう。

(3) 化学調味料

　こんぶやかつお節などのだしのうま味を他の原料から製造し，結晶化したものである。酵母菌体成分の分解法や発酵法で生産する。

1) グルタミン酸ナトリウム

　グルタミン酸ナトリウム（MSG）はこんぶのだしのうま味成分である。グルタミン酸は小麦グルテンの酸加水分解物から単離していたが，現在市販されているMSGのほとんどは発酵法で製造されている。
　製造法はぶどう糖と硫安または尿素を加えたものに*Corynebacterium*（コリネバクテリウム・グルタミカス）*glutamicus*または*Brevibacterium lactofermentum*（ブレビバクテリウム・ラクトフェルメンタム）などのグルタミン酸を生産する細菌を用いて培養し，培養液中に生成するグルタミン酸をナトリウム塩に

結晶化して製品とする。

2）核酸系調味料

核酸系調味料として一般的に利用されているものは，5′-イノシン酸ナトリウム（IMP），5′-グアニル酸ナトリウム（GMP）とこれらの混合物の5′-リボヌクレオチドである。5′-イノシン酸ナトリウムはかつお節のうま味成分，5′-グアニル酸ナトリウムは干ししいたけのうま味成分である。

製造法には酵母のリボ核酸を酵素分解する方法や廃蜜糖や亜硫酸パルプ廃液を原料として *Candida*（カンジダ）酵母を培養する方法，ぶどう糖とアンモニアに *Bacillus subtilis*（バシラス・スブチリス）変異株で発酵させてイノシンを生産させ，これにオキシ塩化リンを反応させて作る方法がある。

3）複合化学調味料

グルタミン酸ナトリウムに核酸系調味料を混合して使用すると相乗効果によりうま味が増強され複合化学調味料となる。

4）た れ 類

しょう油，みそ，うま味調味料，香辛料，油などを加え，これに野菜，果実，畜肉のピューレーを混合し熟成させた調味料である。これらは煮物，蒲焼き，焼きとり，照り焼などに用いる。

7．食　　塩

食塩（塩化ナトリウムの慣用名）は，岩塩の採掘か地下かん水の濃縮，または海水から天日製塩などで作られている。食塩は脱水作用や防腐作用があり，鹹（かん）味調味料や保存料として利用されている。

製塩法は，海水をイオン交換膜法によって濃縮し，鹹水（濃い塩水）を採る採鹹工程と真空蒸発缶で鹹水から塩を結晶化する煎熬（せんごう）工程からできている。食料とされる食塩のほとんどがわが国独自に開発したこのイオン交換膜法（電気透析法）で作られ，工業的に用いられる食塩は輸入原塩（主として天日製塩）である（図5-6）。

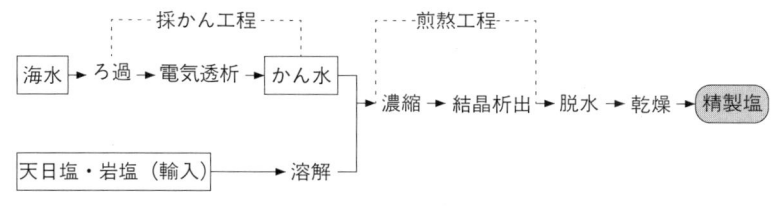

図 5-6　精製塩の製造工程

　食塩は純度，粒度，添加物の有無とその種類などで分類される。一般家庭の食塩，食卓塩，クッキングソルトなどは塩化ナトリウムの純度が 99 % 以上である。

　食卓塩は細かい粒度の結晶塩に塩基性炭酸マグネシウムを 0.4 % 添加して防湿性をもたせたものである。味付食卓塩は，グルタミン酸ナトリウム，核酸系調味料を添加した食塩である。

〔参考文献〕
・小原哲二郎・細谷憲政監修：簡明食辞林，樹村房，1997
・野白喜久雄ら編：醸造の辞典，朝倉書店，1988
・菅原龍幸ら編：新栄養士課程講座・食品加工学，建帛社，1998
・小原哲二郎ら編：改訂原色食品加工工程図鑑，建帛社，1996
・黒川守浩編：食品加工学，中央法規，1999

第 6 章

香 辛 料

　飲食物に香りや刺激的な味を加えることにより，風味を加えたり，引きだしたりする薬用食物の一つである。香辛料のほとんどが，植物か，植物から抽出したものから作られており，その成分は揮発性油，色素，樹脂，有機酸など多種多様である。葉，茎，根，花，果実，樹皮，樹液，種子などを利用するがその部位も植物により異なるため，加工方法にも特徴がみられる。原型のまま，あるいは乾燥品，粉末状など様々な形態で使用されているが，食品工業では，精油（エッセンス）の状態にした香辛料が多く使用されている。また技術の発展により，植物体から有効成分を抽出した抽出香辛料も広く使用されるようになってきている。香辛料のおもな使用形態を図6-1に示した。

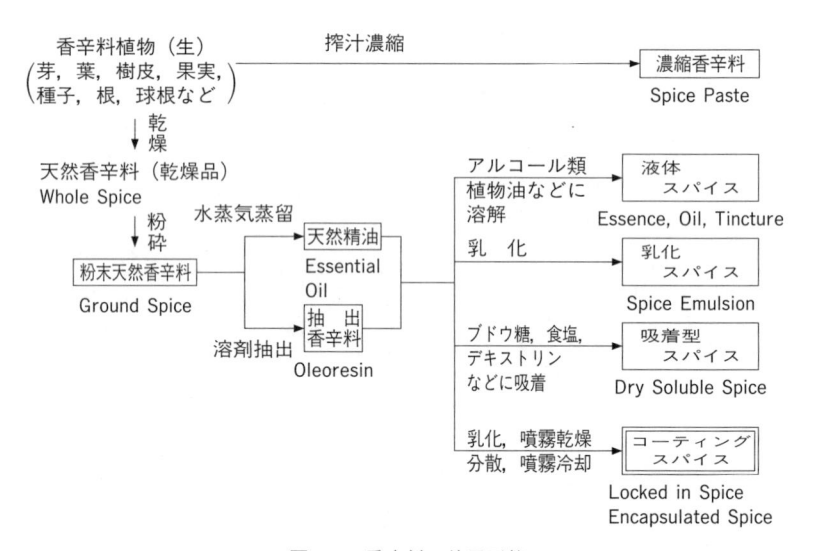

図6-1　香辛料の使用形態

（露木英男他：食品製造科学，建帛社，1994, p. 217）

脇役のようにみえる香辛料であるが，食品加工，特に肉加工品の製造においては他では代替のできない重要なポジションを占めている。

香辛料には使用の際，単品で用いる単一香辛料と，2種類以上が配合してあるものを用いる混合香辛料がある。

(1) 単一香辛料

香辛料の性質から芳香性香辛料，辛味性香辛料，着色性香辛料に大別できる。香辛料を機能別に分類して表6-1に示した。しかし，こしょうにみられるように，辛味を主体にしながらも，香りも強いもののように，厳密な区別は難しく，芳香作用と辛味作用が混在している香辛料が多い。中にはシナモンのように甘味と香りの両方をもつ香辛料もある。

(2) 混合香辛料

1) 七味とうがらし

混合香辛料の一つである。辛味種のとうがらしを粉末よりも粗くひいたものをベースにして，さんしょう粉，陳皮（ちんぴ），ごま，けしの実，麻の実，乾燥青のりの粉末など7種類調合して作られる。しかし通常は，けしの実は使用しない。とうがらしの量により辛さの程度が決まる。めん類，鍋物，焼き鳥，漬物などの薬味として使われる。

2) カレー粉

インドを発祥地とする，多くの香辛料を混ぜ合わせた代表的な混合香辛料の一つである。カレー粉はイギリス人がインド風の味を出すために考案し，商品化させて現在に至っているものである。20～30種類の香辛料を混ぜ合わせて作られるが，基本となるものは黄色の色をつけるうこん（ターメリック），辛味をつけるとうがらし，黒こしょう，香りをつけるコリアンダー，クミンである。その他の色の原料としては，パプリカ，陳皮など，辛味の原料としては，からし，ジンジャーなど，香りの原料としては，フェンネル，カルダモン，ナツメッグ，クローブ，シナモン，ディル，ガーリック，メース，オールスパイ

表 6-1　香辛料の機能と主な香辛料および用途

香辛料の機能	香辛料	用途
芳香作用	オレガノ	チリパウダーの原料，メキシコ料理
	カルダモン	カレー粉，リキュール，ピクルス，菓子類
	コリアンダー	菓子類，漬物，腸詰，カレー粉
	タイム	肉・魚料理，化粧料
	タラゴン	鶏，七面鳥，野鳥料理，ピクルス
	バジル	スープの調味，化粧品
	はっか	医療，菓子類，酒類
	バニラ	洋菓子類，アイスクリーム
	マジョラム	シチュー，ソーセージ，肉の臭み消し
	ゆず	鍋物，酢の物，菓子
	ローズマリー	小羊肉料理，魚料理
	ローレル	ソース，ハム，肉加工品，肉料理
辛味作用	こしょう	ハム，ソーセージ，カレー粉，ソース
	とうがらし	漬物，ソース，ケチャップ
	マスタード	漬物，マヨネーズ，ドレッシング，ソース
	わさび	刺し身，にぎり寿司
香りと辛味作用	アニス	魚・肉料理，菓子類，スープ，ソース
	オールスパイス	ソーセージ，ケチャップ，スープ，ソース
	ガーリック	漬物，薬味，シチュー，スープ，各種料理
	キャラウェー	パン，ケーキ菓子，漬物，シチュー
	クミン	カレー粉，パン，ケーキ，ピクルス
	クローブ	スープ，シチュー，ソース，菓子，ケーキ
	さんしょう	日本料理の薬味，つくだ煮
	シナモン	菓子，ケーキ，飲物，ソース，ケチャップ
	ジンジャー	寿司や魚料理の付け合わせ，日本料理の薬味
	セージー	ソーセージ，カレー粉，豚肉料理
	ナツメッグ	肉料理，肉加工品，ソース，菓子
	フェンネル	魚料理，リキュール，ボルシチ
	ねぎ	薬味
着色作用	サフラン	各種食肉・魚介類料理
	ターメリック	カレー粉，たくあん漬
	パプリカ	サラダ，ドレッシング，ケチャップ，スープ

スなどが使用されている。

　これらの粉砕された原料を配合するが，メーカーにより原料配合比が異なるため，香りに特徴がよく現れる。配合したものは，焙煎し，冷暗所で醸成貯蔵し，香りを熟成させ，辛味を馴化させて製品とする。日本のカレー粉は日本人の嗜好に合わせて作られている。

　即席カレーとして，カレー粉をベースにし，食用油脂，小麦粉，調味料などを加えてカレールーを作り，固形，顆粒，ペースト状に成型したものが市販されている。製造工程を図6-2に示す。

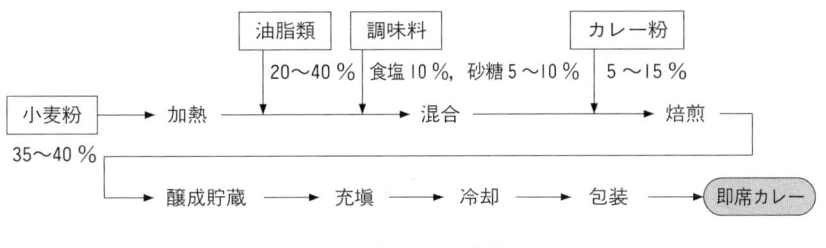

```
                        ┌─────┐   ┌─────┐              ┌─────┐
                        │油脂類│   │調味料│              │カレー粉│
                        └──┬──┘   └──┬──┘              └──┬──┘
                        20〜40％  食塩10％，砂糖5〜10％   5〜15％
┌─────┐    ┌──┐        ↓         ↓                      ↓
│小麦粉│──→│加熱│─────────────→ 混合 ──────────────→ 焙煎
└─────┘    └──┘                                          │
35〜40％                                                  │
    │                                                    │
    └──→ 醸成貯蔵 ──→ 充填 ──→ 冷却 ──→ 包装 ──→（即席カレー）
```

図6-2　即席カレーの製造工程

第7章

甘 味 料

　加工用甘味料の主たるものは砂糖であるが，最近種々の新しい甘味料が使用され始めている。甘味料は糖質系と非糖質系の二つに大きく分けられる。主な甘味料の分類と甘味度を表7-1に示す。

表7-1　甘味料と甘味度

区　分	種　別	名　称	甘味度 砂糖＝100
糖質系甘味料	天然物の糖類	砂糖 はちみつ	100 90〜120
	でんぷんの 酵素処理物	ぶどう糖 異性化糖 水あめ	50〜80 80〜100 10〜30
	糖アルコール	ソルビトール マルチトール キシリトール	60〜75 60〜80 50
	オリゴ糖	カップリングシュガー フラクトオリゴ糖	50〜60 30
非糖質系甘味料	天然甘味料 （配糖体）	グリチルリチン（甘草） ステビオサイド（ステビアの葉） フィロズルチン（甘茶）	30,000 20,000 70,000
	（たんぱく質）	ソーマチン（果実） モネリン（果実）	30,000 80,000
	合成甘味料	サッカリン アスパルテーム	50,000 20,000

(1) 砂　糖

　砂糖はしょ糖の工業製品としての総称である。代表的な製造原料は，熱帯地産のさとうきび（甘蔗）の茎と，寒冷地産のビート（甜菜）の根である。この

他にさとうやし，さとうもろこし，およびさとうかえでがある。各々の植物から作られた砂糖は甘蔗糖（ケインシュガー），甜菜糖（ビートシュガー），やし糖，ソルガム糖およびかえで糖（メープルシュガー）と呼ばれている。

甘蔗にはしょ糖をぶどう糖と果糖に分解する転化酵素が多く含まれており，収穫後時間を置くとしょ糖の結晶化が難しくなるため，甘蔗の産地で収穫後早い時期に甘蔗の茎を圧搾して糖液を採り，粗糖（原料糖）が製造される。わが国ではこのようにして得られた原料糖を輸入して，原料糖から精製糖を製造している。図7-1に原料糖および精製糖の製造工程を示す。

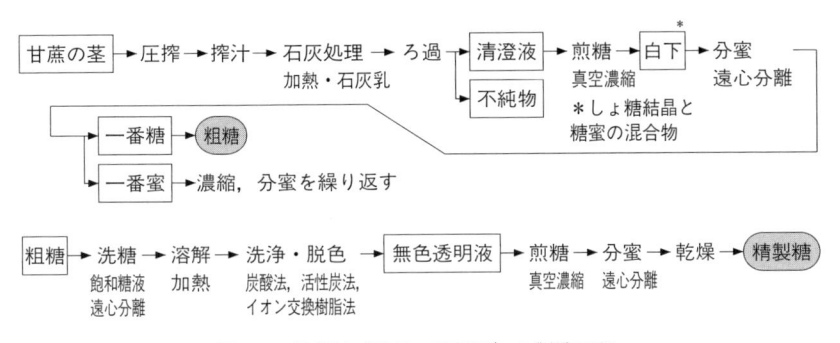

図7-1 甘蔗糖（粗糖，精製糖）の製造工程

甜菜には転化酵素は少ないが，酸化酵素を多く含むため甜菜の根を細切して温湯で抽出し浸出湯液を得る。種々の方法で清浄汁とし，図7-2に示すような工程でグラニュー糖が製造される。ビート糖の製造は甘蔗糖と異なり糖液の抽

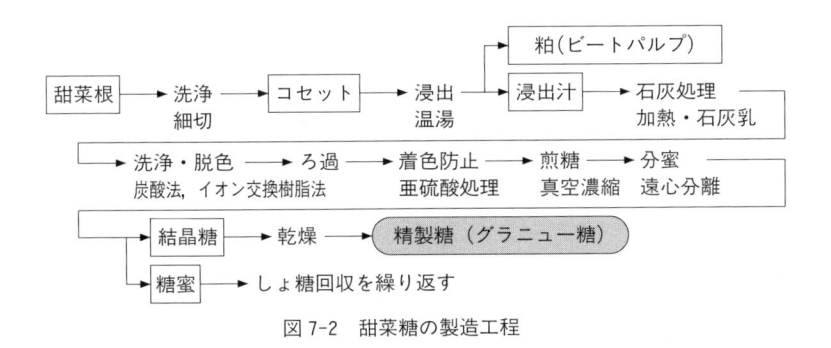

図7-2 甜菜糖の製造工程

出から精製までを栽培地で一貫して行われている。

さとうかえでは，早春にさとうかえでの樹幹に孔を開け，樹液採取管を埋め込んで，樹液を採取してシラップの原料にする。

砂糖には精製法，砂糖の性状（しょ糖結晶の大きさ，転化糖，灰分などの含有量）によって多くの種類の製品がある。砂糖の特徴と主な用途を示す（表7-2）。分蜜糖はしょ糖の結晶と糖蜜を完全に分離した精度の高い砂糖で，世界で生産される砂糖の約90％を占めている。含蜜糖は砂糖の結晶と糖蜜が分離されていない精度の低い砂糖である。ミネラル，ビタミンB群などを含み，独特の風味がある。ざらめ糖はしょ糖の結晶が大きいハードシュガーであり，くるま糖は結晶が小さいソフトシュガーである。

表7-2 砂糖の種類と用途

区分			製品名	成分（％）		性状		特徴・用途
				しょ糖	転化糖	色調	粒径(mm)	
砂糖	分蜜糖	精製糖 ざらめ糖	白双糖	99.90	0.01	白色	1.0〜3.0	無色透明結晶，高級菓子，果実酒
			中双糖	99.67	0.09	黄褐色	1.0〜3.0	上品な風味のある味，煮物，奈良漬
			グラニュー糖	99.88	0.01	白色	0.2〜0.7	淡泊な甘さ，コーヒー，紅茶，菓子
		くるま糖	上白糖	97.40	1.29	白色	0.1〜0.2	日本人好みのしっとり感，種々食品の調味，菓子，飲み物
			中白糖	95.75	1.93	茶褐色	〃	着色してもよい加工品の味付け用煮物，漬物，佃煮
			三温糖	94.95	2.13	黄褐色	〃	中白糖と同じ用途，水産缶詰，佃煮
		加工糖	角砂糖	99.74	0.01	白色	0.2〜0.7	グラニュー糖を固めたもの，飲み物
			氷砂糖	99.80	0.06	白色	巨大結晶	グラニュー糖，上白糖の濃厚溶液から再結晶，果実酒，キャンデー
			粉砂糖	99.80	0.02	白色		白双糖，グラニュー糖をすりつぶした洋菓子のデコレーション用．果物の生食用
			顆粒糖	99.80	0.01	白色		小粒糖を結合させた，多孔質結晶水によく溶ける．冷たい飲み物用ヨーグルトの添加用．果物の生食用
	含蜜糖		黒砂糖	78〜86	2.0〜7.0	黒褐色		甘蔗の搾汁を煮詰めたもの．特有の風味があり，甘みも強く感じる

(2) ぶどう糖と異性化糖

ぶどう糖はでんぷんを酵素糖化して作られる。さわやかな味の糖であるので，医薬用，製パン，製菓用，清涼飲料用，ジャム用，酒造用など様々な加工品に用いられる。しかし溶解度が砂糖に比べると小さいので使用濃度に注意しなければならない。

異性化糖はぶどう糖の甘味を高めることを目的として，ぶどう糖の一部を果糖に転換（異性化）した液体状の糖である。果糖の含有率が50％未満のものをぶどう糖果糖液糖といい，果糖含有率が50％以上のものを果糖ぶどう糖液糖という。安価であるので，清涼飲料，パン，缶詰，乳製品などに広く利用されている。

ぶどう糖の製造工程を図7-3に示す。でんぷんを酵素で分解すると最終的にはぶどう糖まで分解されるが，分解条件によって分解物（ぶどう糖，麦芽糖，その他のオリゴ糖）の混合物として水あめ，粉あめが得られる。

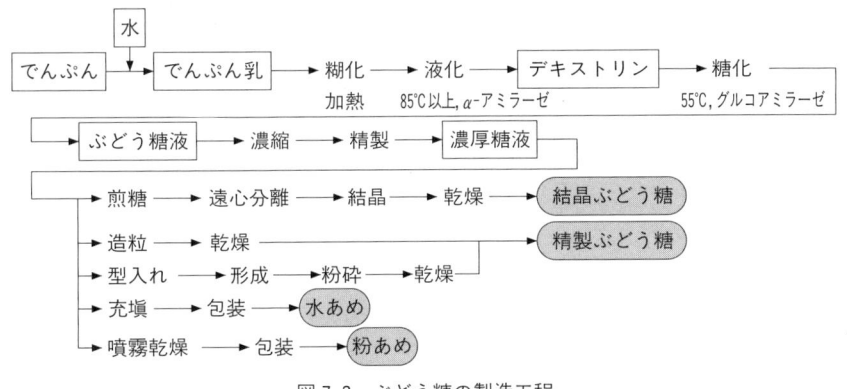

図7-3 ぶどう糖の製造工程

(3) その他の甘味料

砂糖や，でんぷんを分解して得られる糖類以外に，甘味を呈する物質は多種多様にある（表7-1）。

1) 糖アルコール

① **ソルビトール**　　工業的にはぶどう糖の還元基に水素を付加して製造す

る。天然にはりんごやプラムなどの果物や海藻類に含まれる。吸湿性があるのでスポンジケーキ等に用いると良く膨らむ上に，しっとり柔らかになる。またかまぼこの保湿剤などにも用いられ，用途の広い甘味料である。体内では果糖に変換されて代謝されるので，ぶどう糖が元ではあるがインスリンとは無関係のため病者用の甘味料として用いられている。

② マルチトール　　麦芽糖を接触還元して製造される，二糖類の糖アルコールである。砂糖に近い優しい甘味を有している。また体内にはマルチトールを代謝する酵素がないので，肥満症や糖尿病患者など糖分の摂取制限を必要とする人の砂糖代替甘味料として多く用いられている。

2）抗う蝕性糖質甘味料

パラチノース，カップリングシュガー，フラクトオリゴ糖がある。しょ糖を酵素処理して製造される。

① パラチノース　　しょ糖溶液に酵素（α-グルコシルトランスフェラーゼ）を作用させ，しょ糖分子中のぶどう糖と果糖の結合がα-1,2であるのをα-1,6結合に変換させたものである。天然には，蜂蜜などに含まれている。α-1,6結合のため，虫歯菌による多糖膜（歯垢）が生成されない。しかし小腸では速やかに吸収される糖である。

② カップリングシュガー　　でんぷんとしょ糖の混合液に酵素（シクロデキストリングルカノトランスフェラーゼ）を作用させ，しょ糖のぶどう糖基側に1～数個のぶどう糖をα-1,4結合させたものである。虫歯菌による不溶性グルカンの合成を阻害する。しかし体内では代謝される糖である。

③ フラクトオリゴ糖　　しょ糖溶液に酵素（β-フラクトシルトランスフェラーゼ）を作用させ，しょ糖の果糖基側に1～3個の果糖をβ-1,2結合させたものである。天然にはアスパラガスやたまねぎにも含まれている。小腸で消化吸収されないが，ビフィズス菌などの腸内有益細菌を増殖させる作用がある糖である。

3）植物中の配糖体

植物中に含まれる甘味を呈する配糖体を抽出し，精製，乾燥させて製品とし

たもので，低カロリーの甘味料である。

① **ステビア**　南米産のキク科の植物である。葉にテルペノイド配糖体のステビオサイドを含む。ステビオサイドはステビアの乾燥葉から水および温水で抽出し，イオン交換樹脂処理をして精製し製品となる。水によく溶け，優しい甘さであるが，塩なれ効果もあるので漬物や珍味などにも利用される。ダイエット食品の甘味はいうまでもなく，甘味度の割に氷点降下率が小さいので清涼飲料，アイスクリームなど冷菓用の甘味料としても広く用いられている。

② **甘草**（かんぞう）　亜熱帯地方産のマメ科の植物である。根や根茎にトリテルペノイド配糖体のグリチルリチンを含む。グリチルリチンは熱水抽出される。わが国ではグリチルリチン酸の2ナトリウム塩としても利用される。特有の甘味と後味が強いため，みそ，しょう油，漬物に添加されたり，他の甘味料と組み合わせて用いられている。

③ **甘茶**（あまちゃ）　ユキノシタ科の植物である。甘味成分はフィロズルチンである。甘茶の葉を夏から秋に採取し，蒸して搾り青汁を除いた後乾燥貯蔵する。乾燥貯蔵中に酵素反応により，フィロズルチンが生成し甘味を呈するようになる。フィロズルチンは酸や熱に対して安定で塩なれ効果，防腐力もある。飲茶用の甘茶葉は，採取した若葉を日干しにし，半乾きの時によく揉んだ後に十分乾燥させたものである。

4）合成甘味料

① **アスパルテーム**　化学物質名は α-L-アスパルチル-L-フェニルアラニンメチルエステルである。L-アスパラギン酸とL-フェニルアラニンを縮合させたアミノ酸系甘味料の代表的なものである（図7-4）。しょ糖に似たおいしい甘味を有するので，肥満症や糖尿病患者に適した甘味料として用いられてい

図7-4　アスパルテームの製造工程（化学合成）

る。加工食品の味付けに使用する場合，長時間の加熱で分解して甘みが減少するので注意を要する。しかし水によく溶けるので冷菓や清涼飲料に用いられる。

② サッカリン　　化学物質名は安息香酸スルファミドである。トルエンを原料にして合成される。合成甘味料の中では最も強い甘味を呈し，最も古くから利用されている。遊離型は水に難溶なので，溶けやすくしたサッカリンナトリウム塩が利用される。甘さは苦味を伴うので他の甘味料，特にしょ糖と併用して使用することが多い。熱には安定であるが，酸性で加熱すると分解されて甘味が減少する。

〔参考文献〕

・露木英男・越後多嘉志・鴨居郁三・菅野長右ェ門・竹中哲夫：食品製造科学，建帛社，1994
・谷村和八郎・小泉武夫編：応用食品学，新思潮社，1986
・小倉長雄・石橋一雄・橋本定夫・安福英子・大野信子・古賀民穂：食品加工学，建帛社，1993
・黒川守浩編：食品加工学，中央法規出版，1995
・谷村和八郎編著：食品加工学，樹村房，1988
・有田政信編著：レクチャー食品学各論，建帛社，1999

第8章

嗜好性食品

　嗜好性食品とは，その食品に対する好みが習慣化され，食べるのが楽しみになる食品をいい，日常摂取が必要な栄養食品に対する言葉である。また，嗜好食品は独特の香気や味，刺激などによって気分をやわらげて爽快感を味わったり，あるいは食欲増進やストレス解消に役立つ。

　嗜好飲料は，非アルコール性飲料（茶，コーヒー，ココア，清涼飲料など）とアルコール性飲料（ぶどう酒，ビール，清酒，焼酎，ウイスキー，ブランデー，混成酒など）に分類される。また，固形食品としては菓子類，果実類などがある。

1．非アルコール性飲料

(1) 茶　類

　茶はツバキ科の常緑低木の若芽・若葉を加工したもので，その浸出液を飲用する。茶は発酵の有無により分類される。茶葉を蒸気または熱風で短時間加熱し，酸化酵素を不活性化した後，乾燥した不発酵茶（緑茶），茶葉中の酸化酵素を軽く働かせて乾燥した半発酵茶（烏龍茶），茶葉を発酵させ，含有する酸化酵素作用で葉緑素などを酸化分解し，紅色に変化させた発酵茶（紅茶）に分けられる（表8-1）。

　茶葉の加熱に蒸気を使って蒸すのが日本式緑茶（煎茶，玉露，碾茶，番茶，玉緑茶）で，釜で炒るのが中国式茶（釜炒り茶，中国緑茶）である。一般に茶は約3回摘み採られる。5月上旬のものを一番茶，7月上旬のものを二番茶，8月中旬のものを三番茶という。緑茶は一番茶が好まれ，紅茶は二番茶が良品とされ

表 8-1　茶の種類

```
茶 ─┬─ 不発酵茶（緑茶） ─┬─ 蒸し茶（日本式） ─┬─ 煎茶
    │                    │                    ├─ 玉露
    │                    │                    ├─ 碾茶（抹茶）
    │                    │                    ├─ 番茶（ほうじ茶）
    │                    │                    └─ 玉緑茶
    │                    └─ 釜炒り茶（中国式） ─┬─ 釜炒り茶（嬉野茶，青柳茶）
    │                                          └─ 中国緑茶
    ├─ 半発酵茶（烏龍茶） ──────────────────┬─ 烏龍茶（ウーロン茶）
    │                                      └─ 包種茶（パオチョン茶）
    └─ 発酵茶（紅茶） ─────────────────────┬─ 紅茶
                                          └─ CTC 紅茶
```

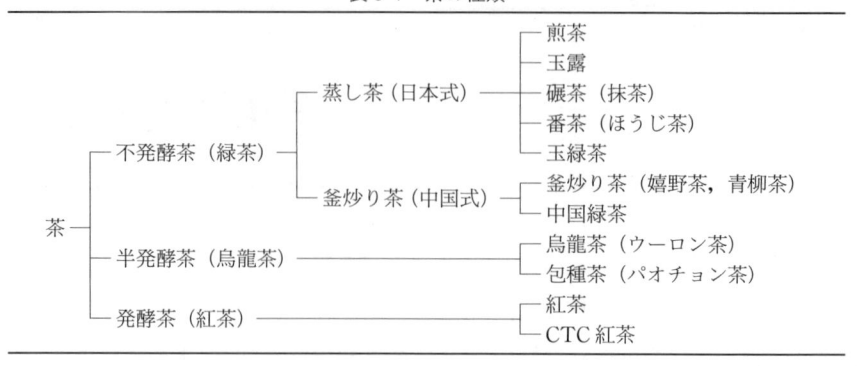

る。

　茶の成分特性として，茶の苦味はカフェイン，渋味はタンニン，甘味は各種の糖，アミノ酸，うま味はテアニンであり，香気成分はヘキサノールなどである。これらが総合して茶の風味となる。ビタミンCは緑茶には多く含まれるが，紅茶は発酵中に酸化分解されるので含まない。

1）不発酵茶

　① 煎　茶　緑茶の一種で，一般に被覆しない茶園の新芽（露天芽）を原料として製茶したもの。わが国の緑茶の8割を占める。

　生茶葉をせいろうなどに広げ，強い蒸気で約10〜15秒間蒸し，酸化酵素を不活性化させて緑色保持と青くさ臭をとる。ついで粗揉機で100℃の熱風乾燥を行い，葉を巻き湾曲させる。なお，緑茶の製法には古来からの手揉み法と大量生産による機械揉み法とがある。次に揉捻機で揉捻したものを中揉機で60℃の熱風下で加圧乾燥を行い，水分を60％前後にする。さらに精揉機で加圧揉捻したものを70℃以下で乾燥し，水分5％の荒茶にする。これを整形調製して水分3〜4％に乾燥し，製品化する（図8-1）。

　揉捻操作の目的は，茶葉を揉み液汁を搾り出し葉面に塗りつけること，茶葉の形を整えること，熱で乾燥しながら芳香を出させることなどである。

　② 玉　露　被覆栽培した茶の新芽（覆下芽）を原料とした最も良質な緑

1. 非アルコール性飲料　149

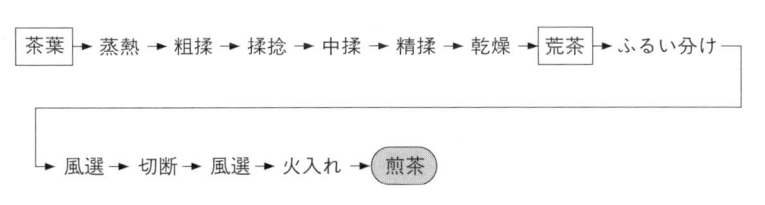

茶葉 → 蒸熱 → 粗揉 → 揉捻 → 中揉 → 精揉 → 乾燥 → 荒茶 → ふるい分け → 風選 → 切断 → 風選 → 火入れ → 煎茶

図8-1　緑茶の製造工程

茶である。

春に茶樹が発芽する約2週間ほど前から覆いをして，直射日光を制限し，その若葉を製茶にする。各工程の製法は煎茶と同じである。

③　碾茶（てんちゃ）　ひきちゃともいい，玉露と同じ原料を用い，被覆栽培した茶葉を，蒸して揉捻せずに乾燥したものである。さらに葉脈などを除き，茶挽き石臼で製粉したものが抹茶である。

④　番茶　煎茶用に若葉を採取した後，硬くなった茶葉を茎とともに刈り取り，製茶したものである。または煎茶の仕上げ処理で生じた屑茶，硬化葉などを原料にする。さらに採取の時期により春番茶，秋番茶という。上等品を川柳といい，玄米を混ぜて炒ったものが玄米茶，強火で炒ったものが焙茶（ほうじちゃ）である。

⑤　玉緑茶（たまりょくちゃ）　まが玉形に整形した緑茶である。揉捻まで煎茶と同じように行い，次に熱風を吹き込み回転式の再乾燥機によって仕上げる。茶そのものの重みで形はまが玉形に湾曲する。

⑥　釜炒り茶　生葉を熱い釜で炒って酸化酵素を不活性化し，揉みながら乾燥して作った緑茶である。嬉野茶（佐賀県）や青柳茶（熊本県）があり，保存性が高い。また，中国緑茶には多くの種類がある。

2）半発酵茶

①　烏龍茶（ウーロン）　緑茶と紅茶の中間的な性質を持っており，香味は芳醇で中国，台湾で多く生産される。

茶葉を日光に当ててから室内に入れ萎凋（いちょう）し，次に発酵させるが，発酵は途中で止め，釜炒りして酸化酵素を不活性化させて製品とする。萎凋とは，茶葉を

生干しして萎れさせる操作をいう。この烏龍茶を代表する銘茶が鉄観音で味，香りは最高である（図8-2）。

茶葉 → 萎凋 → 発酵 → 釜炒り・揉捻 → 乾燥 → 乾燥 → 荒茶 → 精製 → 烏龍茶

図8-2 烏龍茶（ウーロン茶）の製造工程

② 包種茶（パオチョン）　ほとんどウーロン茶と同じであるが，萎凋と発酵の程度を浅くして緑茶様風味を残したものである。

3）発 酵 茶

　紅茶は茶葉の酸化酵素を利用して発酵させ，加熱乾燥した黒褐色の茶であり，浸出液は鮮紅色で特有の香気をもつ。紅茶の産地で有名なのが，インドのアッサム地方とダージリン地方で，アッサム茶は濃厚な味，ダージリン茶は香気の高い柔らかな味をもつ。その他にスリランカ，台湾，インドネシア，東アフリカ，南米などで生産される。

　茶葉を棚に薄く広げて陰干しにし，重量50～70％，水分60～65％くらいに萎凋させる。これを麻袋に入れて足で揉むか揉捻機にかけ，細胞を破壊して酵素を働きやすくする。発酵室で約25℃，湿度90％以上の条件で30～90分間発酵させる。茶葉は次第に黄色から紅褐色に変化し，青くさ臭を失い強い芳香を生じる。最後に加熱乾燥して水分4～5％にする。最近ではCTC機を使用して作ったティーバッグ入りの紅茶が増えている。CTC機とは茶葉をCrush（つぶし），Tear（ひきさき），Curl（丸めて粒にする）にする機械をいう（図8-3）。

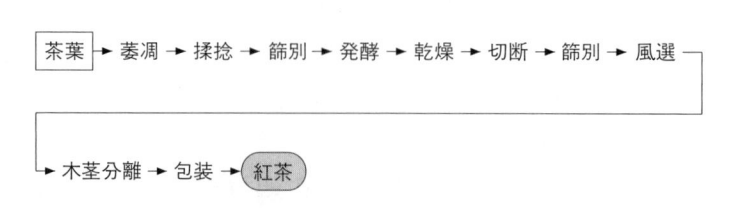

茶葉 → 萎凋 → 揉捻 → 篩別 → 発酵 → 乾燥 → 切断 → 篩別 → 風選 → 木茎分離 → 包装 → 紅茶

図8-3 紅茶の製造工程

紅茶の色は，茶葉に含まれる酸化酵素の作用によりフラボノイドのカテキン類が酸化されて橙赤色物質（テアフラビン，テアルビジン）に変化し，紅茶の独特の色あいが生まれる。

(2) コーヒー

コーヒーはエチオピア原産のアカネ科のコーヒー樹の種子を焙煎した粉を湯で浸出して飲用する。コーヒー樹は中南米，東南アジア，アフリカなど赤道を中心にした地域に分布する。全生産量の30％はブラジル産，次にコロンビアなどである。

完熟したコーヒー果実から果皮および果肉を除去して種子を採取する。これを脱肉，脱殻という。この操作には，乾式と湿式（水洗式）とがある。乾式は果実のまま天日乾燥した後，石臼または脱殻機により果皮，果肉を取り除く。湿式は生豆の外皮を砕いて除いた後，水槽で甘肉を発酵させ，水中でこれを除く。内殻に包まれる種子を分離して乾燥する方法である。

種子を200〜250℃，15〜20分間焙煎し，色沢と芳香を与えたのち粉砕して，粗挽きのレギュラーコーヒーを作る。インスタントコーヒーは，コーヒー粉末の抽出液を噴霧乾燥または凍結乾燥したものである（図8-4）。

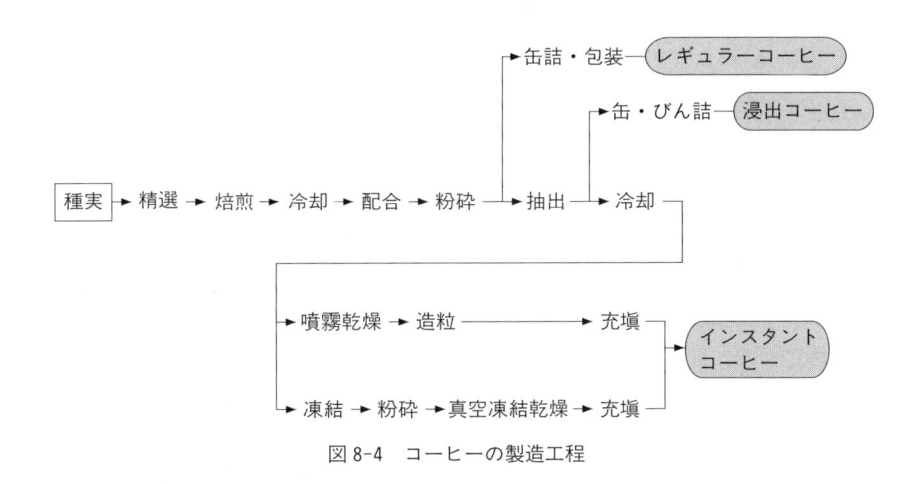

図8-4　コーヒーの製造工程

レギュラーコーヒーの成分は無機質のカリウムが多く，タンニンを8％，カフェインを1.3～1.5％含む。カフェインは緑茶や紅茶に比べて少ない。コーヒーには香り，苦味，酸味，こくの4種類があり，種類，産地によって味覚に特徴がある。各種をブレンドして味わうことが多い。

(3) コ コ ア

ココアはアオギリ科のカカオ樹の種子（カカオ豆）から脂肪分を除き，粉末にしたものである。

カカオ豆を焙焼機で130～150℃，25～35分間加熱焙煎する。次いで粉砕し，分別して，子葉部を分取し，外皮，内皮，胚芽を除去する。この子葉をアルカリ処理した後，乾燥磨砕し，圧搾機でカカオバターの一部を除き，微粉砕にしたものである（図8-5）。

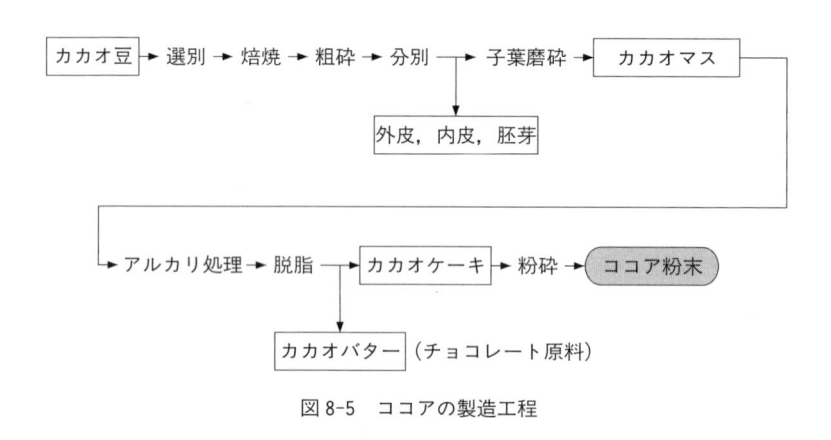

図8-5 ココアの製造工程

(4) 清 涼 飲 料

清涼飲料は爽快味を持ち，アルコールを含まない飲料で発泡性飲料と非発泡性飲料に大別される。

① **発泡性飲料**　炭酸飲料ともいう。炭酸ガスを圧入したもので，フレーバーを含まない炭酸水，鉱泉水などと，フレーバーを含むサイダー，コーラ飲

料，栄養性飲料などがある。ガスを控え目にした微炭酸系が増えている。

② **非発泡性飲料**　清涼感を主体とした飲料。少量の果汁（10％以下），または合成香料による果実フレーバーに甘味料，酸味料などを加えたフルーツシラップ，スポーツドリンクなどがある。また，ナチュラルミネラルウォーター，ナチュラルウォーター，ミネラルウォーター，ボトルドウォーターなどの容器入り飲料水も含まれる。

2．アルコール性飲料

　アルコール飲料は，酒税法によって「アルコール分1％（度）以上を含有する飲料」と規定されている。アルコール発酵は，ぶどう糖，果糖，麦芽糖，しょ糖などの糖類あるいはでんぷんの糖化物を原料とする。これに酵母を添加し，嫌気的条件下で培養するとエチルアルコールと炭酸ガスが生成する（図8-6）。

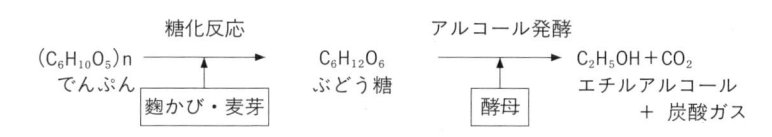

$$(C_6H_{10}O_5)_n \xrightarrow[\text{麹かび・麦芽}]{\text{糖化反応}} C_6H_{12}O_6 \xrightarrow[\text{酵母}]{\text{アルコール発酵}} C_2H_5OH + CO_2$$
でんぷん　　　　　　　　　　ぶどう糖　　　　　　　　　　　エチルアルコール ＋ 炭酸ガス

図 8-6　でんぷんの糖化とアルコール発酵

　アルコール飲料の分類は，製造時における糖化工程の有無により，単発酵酒と複発酵酒に分けられる。さらに醸造酒，蒸留酒，混成酒に分類される。

　単発酵酒は原料が糖分の多い果実などで，酵母がこれを直接アルコール発酵する。複発酵酒は穀類やいも類のでんぷんなどの多糖類をまず微生物の麹かびや麦芽の糖化酵素を用いて糖化してからアルコール発酵を行う。糖化作用とアルコール発酵とを別々に行うものを単行複発酵酒といい，糖化作用とアルコール作用を一つの容器の中で並行して行うものを並行複発酵酒と呼んでいる。

　醸造酒は酵母によって発酵させて搾っただけの酒で，アルコール分が低くエキス分が多い。果実酒，ビール，清酒などがある。蒸留酒は醸造酒を蒸留して作った酒でアルコール分が多く，エキス分が少ない。焼酎，ウイスキー，ブラ

表 8-2 アルコール飲料の分類

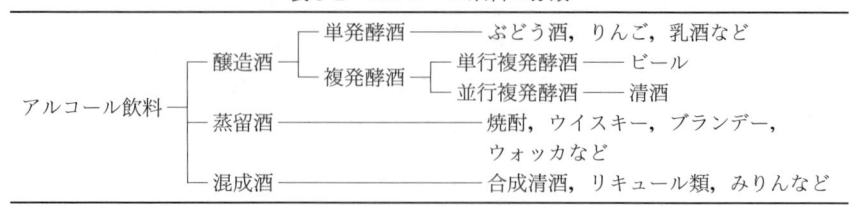

アルコール飲料	醸造酒	単発酵酒	ぶどう酒，りんご，乳酒など
		複発酵酒 単行複発酵酒	ビール
		並行複発酵酒	清酒
	蒸留酒		焼酎，ウイスキー，ブランデー，ウォッカなど
	混成酒		合成清酒，リキュール類，みりんなど

ンデー，ウォッカ，ジン，ラム酒などがある．混成酒は醸造酒や蒸留酒に植物の花，葉，根，果実などの成分を含ませた酒で，アルコール分，エキス分ともに多く，リキュール類やみりんなどがある（表8-2）．

(1) 醸 造 酒

1）ぶどう酒（ワイン）

ぶどう酒はぶどうを原料とした世界最古の果実酒である．原料のぶどうにはグルコースやフルクトースなどの発酵性の糖が含まれる．これにワイン酵母 *Saccharomyces cerevisiae*（サッカロミセス・セレビシェ）を加えて発酵させたものである．ぶどう酒は原料，産地，製法により多くの種類がある．製法と色から赤ワイン，白ワイン，ロゼワインに大別される．特にぶどう酒醸造ではメタ重亜硫酸カリウム（ピロ亜硫酸カリウム）を添加するが，これは有害菌の繁殖抑制，酸化防止，色素などの溶出，安定化する効果がある（図8-7）．

① **赤ワイン** 赤ぶどうまたは黒紫色の品種（マスカットベリーA，ブラッククイン，カルベネソービニヨン，ピノーノワールなど）を潰して果皮，種子ごと仕込んでワイン酵母を添加し発酵させる．果皮の色素が浸出されて美しいワインカラーとなる．また，色素のほか，種子からタンニンも浸出されるため辛口で酸味，渋味の強いのが特徴である．国産赤ワインの成分の平均値はアルコール分で11.5％，エキス分2.6％，酸度7.9％である．

② **白ワイン** 果皮の色が薄い品種（デラウエア，甲州，ネオマスカットなど）を原料とし，圧搾搾汁を低温で発酵させたものである．このため，透明で淡泊な味で甘口から辛口まで種々ある．国産白ワインの成分の平均はアルコー

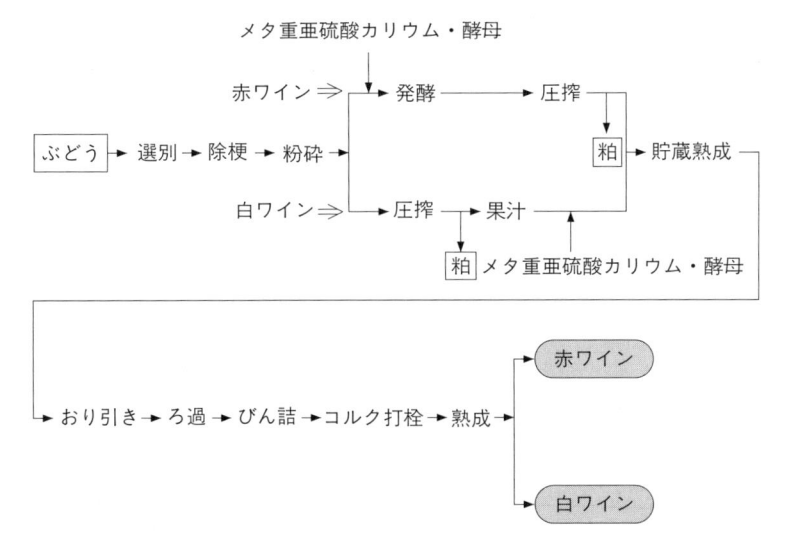

図8-7 ぶどう酒の製造工程

ル分11.5％，エキス分3.3％，酸度7.7％である。

③ **ロゼワイン**　赤ぶどう，黒ぶどうを赤ワインと同様に仕込み，発酵が開始されて1～2日後に圧搾して液だけをさらに発酵させたものである。色は赤と白の中間の美しいばら色になり，渋味もなく，口当たりが柔らかく中間的なワインである。アルコール分は11％以上になる。

その他，フランス西部のシャンパーニュ地方で作られるシャンパン，ドイツのゼクト，スペインのヘレス地方で作られるシェリー酒，ポルトガルのドロウ河上流地方で作られるポートワインなどが有名である。

2）ビール

ビールは，麦芽とホップ，または，これにでんぷん質（米，コーンスターチなど）を加えて作る。アルコール分は約5％，炭酸ガスを含有する。

原料にはでんぷん質の多いゴールデンメロン種やシュバリエ種などの二条大麦を発芽させた緑麦芽を用いる。これには強い糖化酵素（アミラーゼ）が含まれる。この緑麦芽を焙燥，粉砕し水と混合し，加温すると麦芽のでんぷん質は

表 8-3　ビールの種類

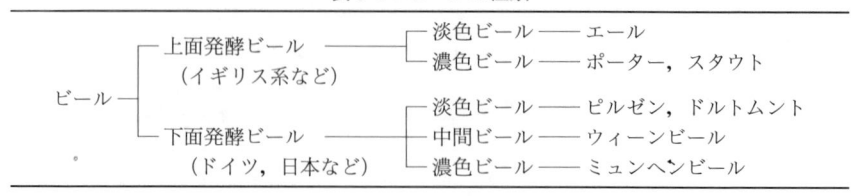

```
ビール ┬ 上面発酵ビール ───────── ┬ 淡色ビール ── エール
       │ （イギリス系など）          └ 濃色ビール ── ポーター，スタウト
       └ 下面発酵ビール ───────── ┬ 淡色ビール ── ピルゼン，ドルトムント
         （ドイツ，日本など）          ├ 中間ビール ── ウィーンビール
                                      └ 濃色ビール ── ミュンヘンビール
```

糖化され麦芽糖に変化する。この過程でアミノカルボニル反応により香ばしい麦芽香とビールの色のもととなるメラノイジンが生成される。これにホップを加えて煮沸，ろ過，冷却した麦芽汁にビール酵母を添加してアルコール発酵させる。

　ビール酵母には発酵終了期に液面に細胞が集まる上面発酵酵母と発酵終了期にタンクの底に細胞が凝集・沈降する下面発酵酵母がある[1]。前者を用いたビールはイギリス系に多く，ドイツや日本をはじめ世界のほとんどが後者のタイプである（表 8-3）。

　ビールの原料に使われるホップは，クワ科に属するつる性植物の雌花を乾燥したもの。ビールに特有の香りと苦味を与え，同時に泡立ちと保存性をよくする。苦味の本体は，麦汁に溶け出したフムロンが加熱されて異性化したイソフムロンである。ビールの泡は苦味とともに重要であり，泡の本体は大麦発芽中にできる起泡たんぱくとイソフムロンの複合体である。

　ビールの香気成分はエタノール，高級アルコール，エステルなどからなる。ビールの種類は，色により濃色ビール，中間色ビール，淡色ビールに分けられる。発酵の終了したビールをろ過し，殺菌した樽や缶，びんに詰めたものが生ビールである（図 8-8）。

　ビールは酒税法により麦芽使用率が 67％以上のものと規定されている。麦芽使用率が 67％未満で，同様に作られるものに発泡酒（雑酒）がある。

---

1) 上面酵母（*Saccharomyces cerevisiae*）と下面酵母（*S. carlsbergensis*）は別種として扱われてきたが，アルコール飲料の醸造に使われる酵母はすべて *S. cerevisiae* に統合された。

```
二条大麦 → 精選・選立・浸漬 → 発芽 → 緑麦芽 → 焙燥 → 乾燥麦芽
                                                    ↓
         水    ホップ      酵母
         ↓     ↓          ↓
→ 粉砕 → 糖化 → ろ過 → 麦汁 → 煮沸 → ろ過 → 冷却 → 主発酵
   ↑                           ↓
砕米, コーンスターチ           ホップ粕

→ 後発酵 → ろ過 → 除菌ろ過 → びん・缶・樽詰 → 生ビール
```

図 8-8　ビールの製造工程

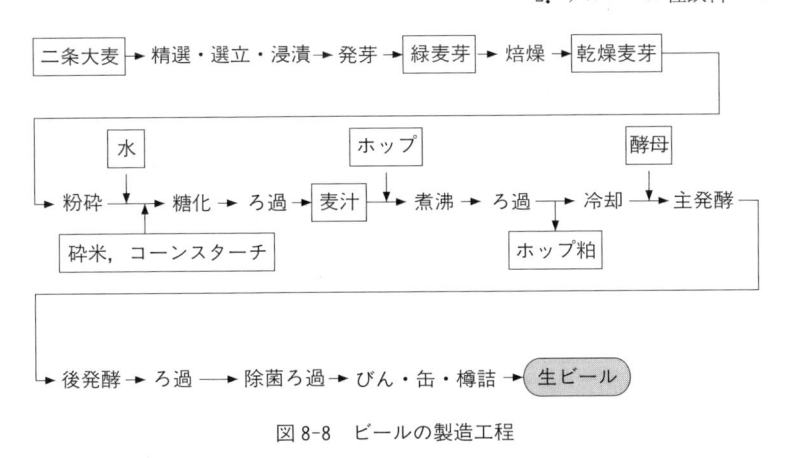

発泡酒はビールに比べると酒税が著しく割安。最も一般的な発泡酒（麦芽使用率 25 ％未満，アルコール分約 5.5 ％）の酒税は，同容量のビールの 1/3 強に過ぎない。

3）清　　酒

清酒はわが国独特の酒で，日本酒ともいわれる。蒸し米を麹で糖化しながら，酵母によってアルコール発酵させて作る。

清酒の製造工程は，初めに蒸米に麹かび（*Aspergillus oryzae*　アスペルギルス・オリゼ）を接種して米麹を作る。次に米麹と蒸し米と水を混合し，でんぷんの糖化を行いながら，同時に乳酸発酵をさせたり（生酛（きもと）系酒母），または乳酸を添加（速醸系酒母）したりして酸性にして雑菌を防止しながら純粋培養した清酒酵母 *Saccharomyces cerevisiae*　サッカロミセス・セレビシェ を加えて酒母（酛（もと））を作る。酒仕込みは酒母に蒸し米，米麹，水を通常 3 回に分けて（これを初添（はつぞえ），仲添（なかぞえ），留添（とめぞえ）という）仕込み発酵させると熟成した醪（もろみ）が得られる。発酵の終わった醪を圧搾・ろ過したものが新酒で，その搾り粕が酒粕である。新酒を数日間静置し，おりを沈殿させて清澄にしたものが生酒である。これを 65 ℃に加熱（火入れ）し，熟成すると清酒になる（図 8-9）。

清酒は原材料により，米と米麹（精米歩合 70 ％以下），水だけで作られた純米酒，10 ％以下の醸造用アルコールを使用した吟醸酒（精米歩合 60 ％以下），

本醸造酒（精米歩合70％以下）などに分けられる。

　清酒のアルコール分は平均15.9％，グリセロール0.5〜1.5％，その他にイソアミルアルコール，イソブタノールなどの高級アルコール類が含まれ，清酒の香りの成分となっている。炭水化物は3.8〜4.5％含まれ，特にぶどう糖が2〜4％含まれる。コハク酸，グルタミン酸，リンゴ酸，乳酸などが含まれ，うま味の成分になっている。

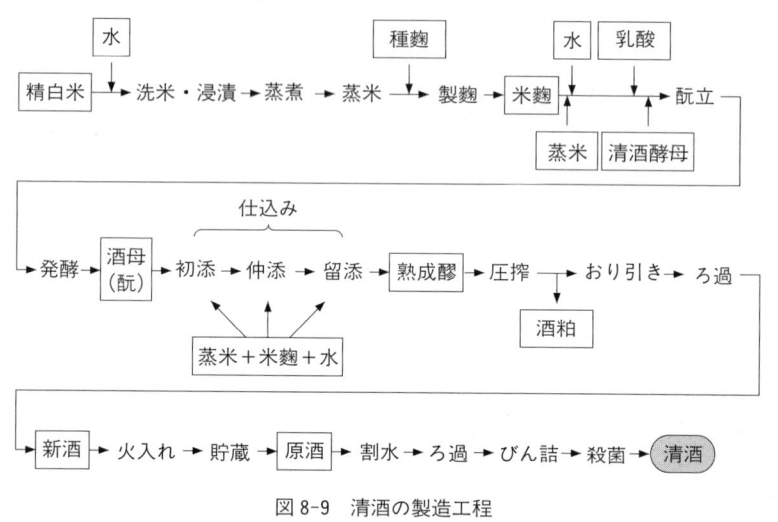

```
                水                    種麹       水  乳酸
                ↓                     ↓         ↓  ↓
精白米 → 洗米・浸漬 → 蒸煮 → 蒸米 → 製麹 → 米麹 → 酛立
                                             ↑    ↑
                                           蒸米 清酒酵母

                   仕込み
         ┌──────────────────┐
→発酵→ 酒母 → 初添 → 仲添 → 留添 → 熟成醪 → 圧搾 → おり引き → ろ過
       (酛)    ↑    ↑     ↑                      ↓
              蒸米＋米麹＋水                     酒粕

→新酒 → 火入れ → 貯蔵 → 原酒 → 割水 → ろ過 → びん詰 → 殺菌 →（清酒）
```

図8-9　清酒の製造工程

(2) 蒸留酒

1) 焼　酎

　焼酎は日本古来の蒸留酒で，穀類，いも類，糖蜜などを糖化・アルコール発酵させた醪（もろみ）を蒸留したもの。米焼酎，いも焼酎，泡盛，黒糖焼酎などがある。焼酎には甲類（新式）焼酎と乙類（旧式）焼酎がある。

　① **甲類焼酎**　　糖蜜などを原料として発酵させた醪（もろみ）を連続蒸留機（パテトスチル）で蒸留して得た純アルコールを水で薄めて作った無味無臭のものでアルコール分は36％未満である。

　② **乙類焼酎**　　本格焼酎といわれ，穀類，いも類などを原料として白麹かび *Aspergillus shirousami*（アスペルギルス・シロウサミ）あるいは黒麹かび *Aspergillus awamori*（アスペルギルス・アワモリ）を用いて麹

を作り，糖化，発酵後，単式蒸留機（ポットスチル）で蒸留したもので原料の風味を残している製品である。アルコール分は45％以下である。

③　**泡　盛**　　沖縄の特産品。米を黒麹かびで糖化し，酵母で発酵させた後，蒸留したものである。

2) ウイスキー

ウイスキーは大麦麦芽（モルト），または未発芽穀類（グレイン；大麦，ライ麦，とうもろこしなど）を原料として，糖化・発酵させた後，単式蒸留機または連続式蒸留機で蒸留し，樽詰貯蔵して熟成させた蒸留酒である。モルト，グレイン，ブレンデッドウイスキーがある。アルコール分はいずれも40～50％である。

①　**モルトウイスキー**　　発芽した大麦の麦芽のみを原料として糖化・発酵後，単式蒸留機により蒸留したウイスキーで麦芽の香気とピート（泥炭）の燻香を持っている。これをオーク樽に貯蔵して7～12年熟成させると独特の風味を持ったウイスキーが出来上がる。

②　**グレインウイスキー**　　粉砕した大麦，ライ麦やとうもろこしなどを糖化・発酵させ，連続蒸留機を使って蒸留したもので樽に貯蔵される。

③　**ブレンデッドウイスキー**　　モルトウイスキーとグレインウイスキーの原酒を混ぜて作ったものである。

3) ブランデー

ブランデーはぶどう酒またはりんご，ももなどの果実を発酵させた後，蒸留したものを樽（カシ，ナラなど）に永年貯蔵して熟成させた酒の総称である。

一般にブランデーといえば白ぶどう酒を蒸留したものをいい，蒸留して得たアルコール分60～70％前後の無色透明の蒸留酒を詰めて，5～50年以上熟成させる。この熟成期間とともにまろやかな味と芳醇な香りと独特の琥珀色となる。特にフランスのコニャック地方で作られるコニャックは品質が良く有名である。

4) その他の蒸留酒

ウォッカ，ジン，ラム酒などがある。

① **ウォッカ** ロシア特産の蒸留酒。小麦，ライ麦などの穀類を原料としてアルコール発酵後，蒸留したアルコール液を白樺の木炭層でろ過させて未熟成の香気を除く。無色，無臭でまろやかな甘味のある酒。アルコール分は 40～60％である。

② **ジン** とうもろこし，ライ麦や麦芽などを原料としてアルコール発酵させた後，蒸留の際に杜松子（ねずの実）の香りをつけたもの。アルコール分は 38～50％である。

③ **ラム酒** 新鮮なさとうきびから採った糖汁やその廃蜜糖を発酵させて作ったもの。アルコール分は 45％内外である。

(3) 混 成 酒

1) 合 成 清 酒

合成酒ともいい，清酒製造法によらないで，清酒の成分と同じようになるように，人工的に調整混和して作った清酒類似酒をいう。

2) リキュール類

リキュール類は，各種醸造酒や蒸留酒にアルコール類，糖類，香料，色素などや草根木皮などの生薬で風味を加えて抽出し，貯蔵・熟成したものである。エキス分2度以上のもの。

独特の香りがあり，アルコール分が強く，甘い酒である。梅酒，キュラソー，ベルモット，ペパーミントなどがある。

その他，甲類焼酎を炭酸水で割り，果実などで香味づけを行った，アルコール分が数％のリキュール類の缶入り製品が多飲されている。

3) みりん (味醂)

みりんは，蒸したもち米および米麹に焼酎を加えて熟成した再製酒。糖分が多く濃厚な甘味。主に調味料とする本みりん（アルコール分13～14％）と，アルコールを加えて飲用にした本直し（アルコール分22％）とがある（p.131参照）。

3. 菓 子 類

　菓子は，「砂糖，水あめ，小麦粉その他の穀粉，油脂などを主な原料とし，乳製品，鶏卵，調味料，香料などの食品材料を加えて作るおいしさと楽しさをもつ嗜好品」をいう。

　わが国で菓子という言葉が明確に用いられるようになったのは江戸時代に入ってからであるといわれる。菓子の種類は多種多様であり，古くからわが国で栄えた和菓子，西洋から伝わった洋菓子，中華菓子に分けられる。また，水分含量と保存性から生菓子，半生菓子，干菓子とに分ける。一般に和菓子は砂糖とでんぷん，洋菓子は脂質と砂糖とでんぷんが主となっている。食品衛生法では次のように規定している。

　① **生菓子**　「出来上がり直後において水分40％以上含有する菓子」，「あん，クリーム，ジャム，寒天もしくはこれらに類似するものを用いた菓子で，出来上がり直後の水分含量30％以上のもの」。これには，うぐいす餅，だんご，ういろう，まんじゅう類，水ようかん，ドーナツ，ショートケーキ，プリンなどがある。

　② **半生菓子**　「生菓子と干菓子の中間で，適度に乾燥した保存できる菓子」。カステラ，もなか，練りようかん，アップルパイなどがある。

　③ **干菓子**　「乾いた菓子」。せんべい類，かりんとう，おこし，こんぺい糖，クッキー，クラッカー，板チョコ，キャンデー類，チューインガムなどがある。

(1) 和 菓 子

　和菓子は，わが国固有の菓子の総称であり，歴史が古く，手作り的なものが多い。材料は主に米粉，小麦粉，豆，あん，砂糖などである。

　① **ようかん（羊羹）**　あずきを煮て皮を除去し，水でさらした後搾って生あんとする。これに水あめ，砂糖，寒天を加えて煮詰め，型に流しこんだもの。練りようかん，水ようかん，蒸しようかんなどがある。

② **まんじゅう（饅頭）**　小麦粉に砂糖，水，膨張剤（イーストやベーキングパウダー）を加えて捏ねて生地を作り，あんを包んで蒸す。膨張剤の代わりに酒のもろみを捏ね込んで作った酒まんじゅうもある。

③ **らくがん（落雁）**　もち米や大麦粉，きな粉，あずき粉などに砂糖，水あめなどを加えてよく混ぜ，木箱に入れて固め乾燥したもの。

④ **米　菓**　米を主原料としたもの。一般的にもち米を用いたものをあられ，おかき，うるち米を用いたものをせんべいと呼ぶ。もち米はいったん餅にして，約5℃で2～3日間硬化させ，整形し水分20％まで乾燥した後，200～260℃で焼き上げ，調味料を塗って仕上げる。

⑤ **だんご**　上新粉などの米粉に水や湯を加えてつき，これを丸めて蒸したり，ゆでたり，焼いたりした後，あん，きな粉，ごまなどを表面にまぶしたもの。

⑥ **カステラ**　鶏卵，砂糖，小麦粉を主原料とした生地を木枠に流し込んで焼いたもの。ポルトガル人によって伝えられた南蛮菓子。

(2) 洋　菓　子

洋菓子は，西洋から伝えられた菓子で，明治になってから西洋文化とともにわが国にもたらされた。材料は主に小麦粉，鶏卵，果物，砂糖，油脂，洋酒や香料などである。

① **ビスケット**　ハードタイプとソフトタイプのビスケットがある。ハードビスケットは準強力粉または強力粉に砂糖，練乳，バター，ショートニング，食塩，鶏卵，膨張剤，香料を加えて作られる。ソフトビスケットは薄力粉，砂糖，油脂類などが使われる。

② **チョコレート**　カカオマス（p.152参照）を主原料とし，カカオバター，粉糖，粉乳などを加えて作る。ホワイトチョコレートは，カカオマスを使わず，カカオバターと砂糖粉乳で作る。

③ **ケーキ類**　卵白の気泡性を利用し泡立て，空気を抱き込ませてスポンジとしたもの。

④ スナック菓子　ポテトチップス，ポップコーン，えびせんなどがある。じゃがいも，とうもろこしを原料とした組立食品やエクストルーダーで押し出し整形した膨化タイプの製品もある。

⑤ キャンデー　主にドロップとキャラメルがある。ドロップは砂糖に水あめなどを加えて煮詰め，酸味料，香料，着色料を加えて作られる。キャラメルは砂糖，水あめ，練乳を加熱溶解し，バターを加えて煮詰め，香料を加えてドロップと同様に作られる。

(3) 中華菓子

中国から渡来した菓子で月餅が代表的。果実，ナツメッグなどの核果や種実を，ラードなどでよく練ってあんを作り，小麦粉の皮で包む。あずきあんを入れた餡月餅，核果などを入れた種月餅がある。

〔参考文献〕

- 小原哲二郎・細谷憲政監修：簡明食辞林，樹村房，1997
- 野白喜久雄ら編：醸造の辞典，朝倉書店，1988
- 菅原龍幸ら編：新栄養士課程講座・食品加工学，建帛社，1998
- 小原哲二郎ら編：改訂原色食品加工工程図鑑，建帛社，1996
- 有田政信編：レクチャー食品学各論，建帛社，1999
- 桜井芳人編：総合食品事典，同文書院，1995

第9章

食用油脂

油脂は栄養的にはエネルギーの供給源となる栄養素であり,エネルギー効率は他の栄養素よりも高い。また,体内では合成できない脂肪酸(必須脂肪酸)やビタミンの供給源でもある。栄養的な役割とは別に,油脂は食品の旨味を増し,食感を良好にするとともに,食品の調理・加工上にも重要な役割を果たしている。油脂は一般的に常温で液体のものを油,固体のものを脂と呼んでいる。食用油脂の約85％が植物起源であり,そのうち約60％が大豆,なたね由来である。採油原料のほとんどが輸入されている。

1. 食用油脂の種類

食用油脂(edible oil and fat)には植物の種子や果肉から採取される植物油脂,動物の体脂肪から採取される動物油脂およびそれらを原料として作られる加工油脂に大別される(表9-1)。

動物油脂は陸上の家畜から得られる常温で固体の豚脂(ラード),牛脂(ビーフタロー)と常温で液体の魚油とがある。魚油はDHA(ドコサヘキサエン酸)やEPA(エイコサペンタエン酸)などの高度不飽和脂肪酸を多く含み,硬化油の原料となる。

植物油脂は原料が多様であり種類が多いが,常温で液体のものが多い。構成脂肪酸の種類によって,不飽和脂肪酸の多い液状油と飽和脂肪酸の多い固体脂に分けられ,ヨウ素価によって乾性油(130以上),半乾性油(100〜130)および不乾性油(100以下)に分けられる。

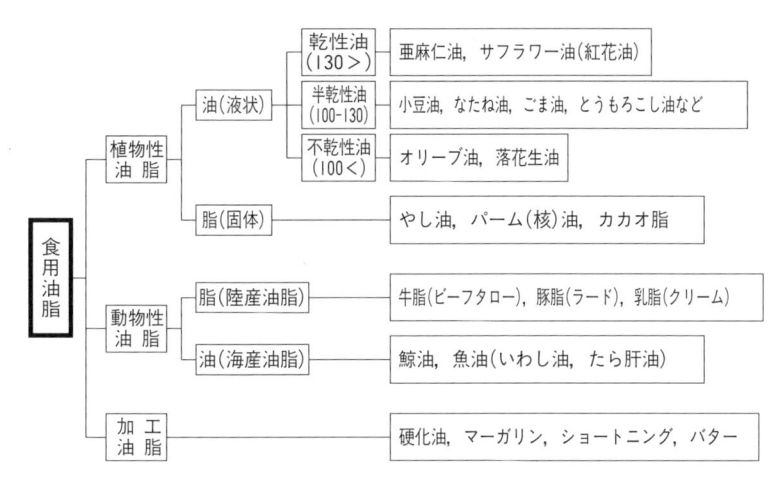

表 9-1 食用油脂の分類

食用油脂
- 植物性油脂
  - 油（液状）
    - 乾性油（130＞）: 亜麻仁油, サフラワー油（紅花油）
    - 半乾性油（100-130）: 小豆油, なたね油, ごま油, とうもろこし油など
    - 不乾性油（100＜）: オリーブ油, 落花生油
  - 脂（固体）: やし油, パーム（核）油, カカオ脂
- 動物性油脂
  - 脂（陸産油脂）: 牛脂（ビーフタロー）, 豚脂（ラード）, 乳脂（クリーム）
  - 油（海産油脂）: 鯨油, 魚油（いわし油, たら肝油）
- 加工油脂: 硬化油, マーガリン, ショートニング, バター

2. 油脂の採油および精製

食用油脂として利用する場合には動植物の脂質成分を含有する組織から圧搾・抽出などの方法によって採油し，さらに不純物を取り除いて精製する必要がある。

(1) 採　　油

採油法は原料によって異なり，動物油脂は主として融出法により，植物油脂は圧搾法あるいは抽出法で採油される。

1) 融　出　法

加熱によって動物の脂肪組織から油脂を融出させる方法で，直火で原料を加熱して油脂を融出させる乾式融出法（主として鯨油・魚油）と，原料を煮沸あるいは蒸気との接触によって油脂を融出させる湿式融出法（煮取法，主として牛脂・豚脂）がある。品質は湿式法が優れており，採油率も良い。

2) 圧　搾　法

原料に圧力を加えて油を搾り出す方法で，油脂含量の高い植物原料の代表的

な採油法である。植物原料の場合，油脂以外の成分が多いので，夾雑物の除去，原料の粉砕，熱処理などの予備処理の後に圧搾機にかける。圧搾機にはバッチ式プレスと大型スクリューによる連続式プレス（エキスペラー）があり，後者が経済的に優れている。

3) 抽　出　法

原料を n-ヘキサンなどの溶剤に浸漬して油脂分を抽出し，蒸留によって揮発性の溶剤成分を取り除くことにより採油する方法。大豆のように油脂成分が多くない原料に適した，残油率の少ない方法（1％以下）である。

(2) 精　　　製

採油した原油は不純物としてゴミ，たんぱく質，ガム質（リン脂質や樹脂状成分），色素などを含むので次のような工程（図9-1）で精製して食用油とする。

原油 → 脱ガム → 脱酸 → 脱色 → 脱臭 → 脱ろう（ウインタリング）→ 精製食用油

図 9-1　精製食用油の製造工程

1) 脱　ガ　ム

原油に温湯を加えて攪拌した後，遠心分離によりガム質（リン脂質や樹脂状物質），たんぱく質を除去する操作。

2) 脱　　　酸

遊離脂肪酸をアルカリ（水酸化ナトリウム）によって中和して石けんとし，遠心分離により除去する操作。

3) 脱　　　色

脱酸処理でもかなり色の改善が認められるが，まだカロテノイドやクロロフィルなどの色素が残留しているので，活性白土（含水ケイ酸アルミニウム）または活性炭などの吸着剤を用いて色素の吸着脱色が行われる。

4) 脱　　　臭

精製工程の最終工程。食用上好ましくない臭いや味を取り除くために行われる。通常，真空水蒸気蒸留によって揮発性の臭い物質を除去する。

5）脱ろう（ウインタリング）

低温で利用することの多いサラダ油に限って行われる工程。油を冷却して固体脂を析出させて取り除く操作。

3．主な精製油脂

(1) 豚脂（ラード）

豚の脂肪組織から採取した固形脂。製法によって釜製ラード（直接加熱して採油），蒸製ラード（蒸気による採油），中性ラード（52〜53℃の低温で直接加熱して採油）に分けられる。日本農林規格では純製ラード（豚脂のみ）と調製ラード（他の脂肪を混ぜたもの）に分かれている。精製，脱臭，可塑化の工程で製造される。

(2) 牛脂（ビーフタロー）

牛脂は腎臓や腸を原料とし，融出法によって得られる。豚脂に比べて融点が高く，高融点の脂肪は冷えると食味が損なわれるので，熱いうちに食べる必要がある。牛脂は即席カレーなどに使用される。

(3) サラダ油

生食に適するように高度に精製された食用油。用途の性格上，べとつかないこと，低温で分離したり，固化したりしないことが要求される。古くは融点の高い脂質成分の少ないオリーブ油を主としていたが，現在はよく精製された植物油脂（大豆油，綿実油，コーン油など）が使用される。

(4) 天ぷら油

揚げ物など加熱調理に用いられる食品の精製油。精製大豆油（白絞油），ごま油，なたね油などが使用されることが多い。高温で利用されることが多いので，サラダ油ほど高度に精製されない。とくに，脱ろう・脱色は完全に行う必

要がない。ただし，最近はいずれの食用油も精製度が高くなり，家庭ではサラダ油と区別されなくなっている。

4. 加 工 油 脂

精製された食品油脂を水素添加，分別操作，エステル交換を行って，原料と異なる特性の油脂に加工したもの。植物油や魚油などの液状油を水素添加によって固体脂に加工した硬化油や，硬化油を主原料として製造されたマーガリン，ショートニング，ファットスプレッドなどがある。バター，マヨネーズ，ドレッシング類なども加工油脂であり，家庭用および業務用として使用されている。バターは乳製品，マヨネーズは卵製品として別に示している。

(1) 硬 化 油

液体の油脂である魚油や植物油にニッケルを触媒として水素を添加して，不飽和脂肪酸を飽和脂肪酸に変えて固形脂肪としたものを硬化油（図9-2）と呼び，マーガリンやショートニングの原料となる。

硬化油の原料としては大豆油やいわし油が使用されることが多い。これらの原油に還元ニッケルなどを触媒として水素を吹き込むと，不飽和脂肪酸の二重結合に水素が結合して飽和脂肪酸になる。そのまま反応を続けると次第に融点が高くなり，液体の油が固形の脂肪となる。使用する目的によって都合のよい融点（32～36％）で止まるように調節する。

原油 → 触媒混合 → 水素添加 → 硬化 → ろ過 → 触媒除去 → 精製 → 脱臭 → 硬化油
　　　　　　　　　　　　　　　　　　　（活性白土）

図 9-2　硬化油の製造工程

(2) マーガリン

動植物油脂を原料としたバター様の製品（図9-3）。バター不足を補うための

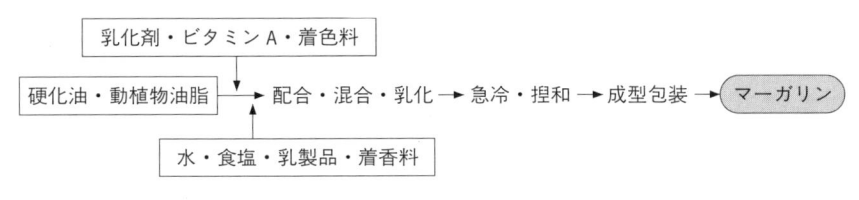

```
┌─────────────────────────┐
│ 乳化剤・ビタミンA・着色料 │
└─────────────────────────┘
           ↓
┌──────────────────┐   ┌──────────────┐   ┌──────────┐   ┌──────────┐   ╭──────────╮
│ 硬化油・動植物油脂 │ → │ 配合・混合・乳化 │ → │ 急冷・捏和 │ → │ 成型包装  │ → │ マーガリン │
└──────────────────┘   └──────────────┘   └──────────┘   └──────────┘   ╰──────────╯
           ↑
┌─────────────────────┐
│ 水・食塩・乳製品・着香料 │
└─────────────────────┘
```

図9-3　マーガリンの製造工程

代用品として作られたが，現在では独立した食品として扱われている。マーガリンの語源はギリシャ語の真珠に由来するものといわれている。

　原料油脂は動物油脂（硬化魚油，牛脂，豚脂），植物脂（やし油，パーム油精製油または硬化油），植物油（大豆，綿実油，コーン油など）の精製油，硬化油などが用いられる。スプレッド性（パンなどに塗る時に薄く広がる性質）を良好にするために低融点の原材料で調製したソフトマーガリンも製造されている。副原料として，水または発酵乳，食塩の他，乳化剤，着色料，着香料などが用いられる。牛乳，脱脂粉乳などの乳製品を用いることもある。製造工程中，最も重要なのは乳化の工程である。乳化後，生じた油中水滴型のエマルジョンを安定させ，組織を緻密にするために，50℃から10〜15℃に急冷・固化し，最後に捏和して熟成させる。

　日本農林規格（JAS）ではマーガリン類として次の種類を定義している。
- マーガリン：油脂含有率80％以上のもの。
- 調製マーガリン：油脂含有率75％以上80％未満のもの。
- ファットスプレッド：油脂含有率35％以上75％未満のもの。風味原料を加えた場合，その割合が油脂含有率を下回るもの（チョコレートを加えたものは，カカオ分が2.5％未満，ココアバターが2％未満のもの）。

(3) ショートニング

　精製した動植物油脂，硬化油を主原料とし，これに10〜20％のガス（窒素ガス，炭酸ガス，空気など），また種類によっては乳化剤（モノグリセリドなど）

を含ませた可塑性油脂食品である（図9-4）。脆くて砕けやすい性質（ショートネス）を生かして製パン用として使用されることが多い。

マーガリンと異なり，水分を含んでいない。原料油脂は，植物油脂として綿実油，大豆油など，動物油脂としては牛脂，いわし硬化油，ラードなどが多く用いられる。

硬化油・動植物油脂 → 配合・混合・乳化（乳化剤）→ 急冷・捏和（窒素ガス）→ 成型包装 → ショートニング

図 9-4　ショートニングの製造工程

（4）ドレッシング

油脂調味料の総称。食用植物油脂および食酢もしくはかんきつ類の果汁（こ

表 9-2　ドレッシングの定義（日本農林規格）

用　語	定　義	水　分 (％以下)	油　脂 (％以上)
マヨネーズ	半固体状ドレッシングのうち，卵黄または全卵を使用し，かつ，必須原材料，卵黄，卵白，食塩，糖類，香辛料，化学調味料および酸味料以外の原材料を使用していないものをいう。	30	65
サラダ ドレッシング	半固体状ドレッシングのうち，卵黄または全卵およびでんぷん糊を使用し，かつ，必須原材料，卵黄，卵白，でんぷん糊，食塩，糖類，香辛料，乳化剤，乳化安定剤，合成糊料，化学調味料および酸味料以外の原材料を使用していないものをいう。	65	30
フレンチ ドレッシング	乳化液状ドレッシング，分散液状ドレッシングのうち，こしょうまたはパプリカを使用し，かつ，必須原材料，こしょう，パプリカ，食塩，糖類，トマト加工品，卵黄，卵白，香辛料，着香料，乳化剤，乳化安定剤，合成糊料，化学調味料，酸味料および抗酸化剤以外の原材料を使用していないものをいう。	65	35

れらは必須原材料）に食塩，糖類，香辛料などを加えて水中油滴型に乳化したもの。半固体状，乳化液状，分離液状の製品がある。ノンオイル製品はドレッシングタイプ調味料と呼ぶ。表9-2にドレッシングの定義（日本農林規格）を示した。

(5) その他
1) 粉末油脂
硬化油を粉末にしたもの。牛乳カゼイン・界面活性剤などを油脂に混ぜて噴霧乾燥させ，油脂の表面をたんぱく質の皮膜で包みこんでいるため，油が集合せず，酸化されにくい。コーヒー用の粉末クリームの代用としての利用やインスタント食品用として用いられている。

〔参考文献〕
・坂村貞雄・高尾彰一・安井　勉編：最新食品加工学，三共出版，1991
・沢野　勉編：標準食品学各論，医歯薬出版，1999
・全国調理師養成施設協会編：調理用語辞典，調理栄養教育公社，1986
・葛西隆則ら：食物・栄養科学シリーズ 9　食品加工学，培風館，1992
・吉田　勉編著：食品学各論，三共出版，1999
・古賀克也編著：食品の加工・貯蔵，三共出版，1982
・栄養学・食品学・健康教育研究会編：新エスカ 21　食品加工学，同文書院，1999

第10章

新類型加工食品

　加工食品の分類は様々に行われる。原料別（農産加工品・畜産加工品・水産加工品），加工形態別（調理加工品・醸造食品），用途別（調味料・香辛料・甘味料・食用油脂・嗜好性食品）などがある。

　加工食品は，今やファッションの一つ。新製品が開発されると，その類似品が追随しブームを呼ぶ。業界やマスコミが○○食品と呼称し新語を使う例が多い。概念として把握できても定義は困難である。社会的に認知され定着するものもあるが，短期で消えていくものも多い。

　これらは従来の分類範囲では整理しきれない。概ね，① 新技術による加工法・包装形態を食品名とするもの，② 流通・貯蔵温度や期間などで呼称するもの，③ 形状を食品名とするもの，④ 用途を食品名とするもの，⑤ 機能・特性を食品名とするものに区分できよう。

1. 新技術による加工法・包装形態から

1) フリーズドライ食品（freeze-drying foods；凍結乾燥食品）

　急速凍結した食品を低温で真空凍結乾燥して製造した食品。

　次のような特徴がある。① 多孔質で，水や湯で容易に復元する，② 密封包装すれば常温常圧下で長期貯蔵が可能，③ 原料の色・味・香りの変化がほとんどない，④ たんぱく質の変性やビタミンの損失もほとんどない，⑤ 乾燥による食品表面の硬化や収縮がない。

　インスタントコーヒー，即席めんの具材が代表的。各種漬物，大根おろし，きんぴらごぼう，ハンバーグ，ビーフステーキなどのそう菜類から米飯まで，

ほとんどの調理済み食品の製品がある。

やや高価なこと,携帯輸送中に砕けやすいのが欠点。

2) 真空フライ食品

50～400 Torr の真空下（減圧下）で,50～80℃に加熱した食用油を用いて,果菜類を油揚げし,脱水した食品。高温に加熱しないため品質の優れた果菜乾燥品が得られる。

3) 氷温乾燥食品

食品が凍る氷結点直前の温度（1～-3℃）で乾燥させた食品。製品は,鮮度の低下も少なく,復元性もよい。また食品中に含まれる油脂の酸化も抑制されるので,魚の干物などの製造に適している。

4) 組み立て成形食品（fabricated foods）

動植物原料から分離または抽出濃縮した成分を主原料として,これに栄養素,着色料,調味料,香辛料などを添加し,好ましい風味に作り上げた食品。

大豆や小麦から分離された植物たんぱく質は,繊維状に加工され,着色料,香辛料,調味料,食用油脂を添加してコンビーフ様の製品に加工される。チーズ製造の副産物として得られるホエーたんぱく質は,ラクトアルブミンを多く含み,育児用調製粉乳に添加される。魚油を精製し,植物油の代わりにマヨネーズ,ドレッシングに用いる例もある。

その他,植物油脂と脱脂粉乳で作るコーヒー用クリーム,乾燥マッシュポテトから作った成形ポテトチップス,牛の横隔膜や屑肉を貼り合わせて作ったステーキ用成形肉などがある。

5) 無菌充填包装食品

牛乳,乳飲料,濃縮乳,スープなどの高粘性食品を滅菌した後に,あらかじめ滅菌してある包装材料,容器に無菌環境下で充填した製品。牛乳などでは,UHT 滅菌（超高温短時間滅菌）した後に,過酸化水素で滅菌処理をした紙プラスチック複合容器（ブリックパックなど）に充填している。この製品は,栄養成分の損失も少なく,色調の変化もなく,風味も良好である。また長期間保存できる。各種果汁加工原料用の濃縮果汁は,ドラム缶に無菌充填したものが輸

入される。この濃縮果汁は水を加えて還元した後，紙プラスチック複合容器に無菌充填される。

6) ガス充填包装食品

食品の貯蔵性を高めるために，包装容器内の空気を，窒素，二酸化炭素などのガスで置換し包装した製品。食品成分の酸素による酸化や微生物の生育を抑制できる。緑茶では，酸化による風味の変化，変色，ビタミンCの損失を防止するため，包装容器（金属缶やガスバリア性の高いプラスチックフィルム）の中に，窒素ガスを封入する。食肉では包装容器内に，酸素，二酸化炭素混合ガス（酸素60〜80％，二酸化炭素20〜40％）を充填し，一定の温度（5℃）以下で保存すると，1週間程度は肉色が保存され，微生物の生育も抑制される。

2. 流通・貯蔵の温度や期間などから

1) チルド食品

保存温度の明確な規定はないが，チルド温度帯（5〜−5℃または2〜−2℃）の範囲で流通販売される食品をいう。この温度帯は，食品の凍結による組織変化やたんぱく変性がみられず，また食中毒微生物や病原微生物を阻止でき，食品の新鮮度を保ちながら長期貯蔵が可能である。チルド食品は，冷凍食品と区別され，−5℃の温度であるが凍結しない程度に保存する。一度冷凍保存した食品を必要に応じて解凍し，チルド温度帯で流通させるものをフローズンチルド食品という。

チルド食品には，生鮮食品（魚介類，乳類，果実類，野菜類など），農産加工品（生麺類，豆腐，ジャム類，漬物など），畜産加工品（バター，チーズ類，ハム・ソーセージ類など），水産加工品（練り製品，塩蔵品など），飲料，弁当類，各種そう菜，チルドデザート（プリン，フルーツヨーグルトなど）である。

チルド食品の日本農林規格は，ハンバーグ類，ミートボール類，ぎょうざ類（しゅうまい，はるまきなどを含む）について設定され，保存温度は「5℃〜氷結点」などを表示例として推奨している。消費者の嗜好や現代の食生活に合った

食品としてその需要は増加傾向にある。

2) コンプレスド食品

食品を凍結乾燥中に圧縮し，再び乾燥した製品で圧縮成型食品ともいう。キャベツ，白菜，たまねぎ，にんじんなどの野菜を中心に果実，肉類，水産物の製品がある。

この食品の特徴は，コンパクト化による包装作業性の向上，保管スペースの節減，輸送経費の低減，携帯の便利性などが期待されること。圧縮によって容積が減少し，凍結乾燥食品に比べて砕けにくい利点がある。

3) LL 食品

LL とは，long life の略称で，長期保存が可能な食品をいう。製品はアルミ箔とプラスチックフィルムで多層にラミネートした紙製容器中に超高温瞬間殺菌した食品を無菌充填包装したものである。

主な製品としては，牛乳，果汁，豆腐，ゆで麺などがあり，これらは冷蔵しなくても常温で 2～6 カ月にわたって保存が可能である。

3. 形状から

1) プチ食品（ミニ食品）

プチ食品の「プチ」とはフランス語で，英語のミニ（小さい）の意味である。食の個食化や単身者の増加，食の多様化，簡便化などの志向に対応して生まれた新しい形態の食品である。従来の大型パックに対して，一人が 1 回で食べきれる量を基本としている。割高であるが，消費者の最近の意識の変化を背景にいろいろな種類の調理，半調理食品が増えている。

2) ニア・ウォーター飲料

水のように透明で清涼飲料水に比べると薄味で低カロリー，ミネラルウォーターに比べるとかすかな甘味と香りがある飲料をいう。

ビタミン，食物繊維，ミネラルなどを加えた栄養補給系と果実など風味を強調した果汁系のものとがある。それらは小型ペットボトルを中心にして販売さ

れている。

3）ゼリー状食品

チューブ状のアルミパックに入ったチアバック入りゼリー飲料，こんにゃくをゼリー状に固めたこんにゃくゼリー，こんにゃくを利用した食品，ココナツジュースにナタ菌（酢酸菌）を加えて発酵させたナタ・デ・ココなどの製品がある。

チアバック入りゼリー飲料は，つなぎ食や朝食として利用されている。宇宙食のような外見，手を汚さず片手で食べられること，エネルギー補給などの機能がある。

こんにゃくゼリーやこんにゃく食品は，低カロリー食品の代表。ゼリーやドリンク，うどんやそばの他，米飯に混ぜる粒状タイプなどがある。

ナタ・デ・ココは，外見は寒天に似ている。無味・無臭の乳白色で弾力のある歯ざわりが特徴である。

4）シート食品

カード食品，フィルム食品ともいう。食品を濃縮，乾燥してシート状や名刺大に延ばしたものである。昔から日本には干しのり，干しゆば，のしイカなどがある。

シート食品は，厚さが 0.15 mm であり，それをカード大に成型するとカード食品になり，さらに厚さを 0.05 mm くらいに薄くするとフィルム食品になる。

原料を細切りするかペースト，粉末などにして，微生物から抽出したプルラン（マルト・トリオースが α-1,6 結合したもの）などの接着性の素材を加えて固め，原料素材の風味を保持させたまま脱水・圧延して製品にする。

最近では新しいファッション性をもたせたシート食品が多くみられる。それには，ビーフジャーキー，しらす，ししゃも，バナナ，りんご，玄米，梅干し，こんにゃくなどがあり，携帯食や非常時用の食品として用いられる。

4. 用途から

1) スナック食品

簡単な食事や軽食として気軽に食べられる食品をいう。原料別では、ポテト系、コーン系、小麦系、ライス系に分類され、せんべい、あられなどの伝統的製品も含まれる。

スナック菓子で代表的なのがポテトチップで、甘くなく塩でさっぱりした風味で手軽に食べられる。また、穀類などを主原料として、植物油、食塩、チーズ、カレーなどで味付けしたものが多い。カップ入りスナック麺、スナッククラッカー、スナックえんどうなど新しい形態の開発も盛んである。一般に食べやすいが、高エネルギーの食品が多い。

2) スポーツ飲料

運動時あるいは運動後に飲用するのに適した飲み物をいう。本来スポーツ選手のために開発された飲料で、アイソトニック飲料などとも呼ばれる。スポーツで消耗した水分とエネルギー補給のため、腸管からの吸収が早くなるように、等張の浸透圧を有するよう調製されている。

現在、市販されているスポーツ飲料は大部分が糖類を含み、ナトリウム、カリウム、カルシウム、マグネシウムなどのミネラル、有機酸、各種ビタミン、特にビタミンCが多く加えられている。スポーツ飲料には、水に溶かして飲む粉末タイプと缶・びん入り飲料タイプがある。

3) 電子レンジ食品

電子レンジとは、食品に電磁波（2,450 MHz）を照射し水分子を振動させて発熱させる加熱調理器具をいう。電子レンジで加熱調理する加工食品を電子レンジ食品という。いつでも、すぐに、できたてのものが食べられ、容器は使い捨てで、後片づけをする必要がないなどの利便性に優れている。

電子レンジ食品の形態に、冷凍食品、レトルト食品、チルド食品がある。冷凍コロッケ・フライ、ピザ、グラタン・ドリア、パスタ、おにぎり、ピラフ、カレーなど数多い。

4) ファーストフード

手早くできて簡単に食べることができるようなシステムにのった食品をいう。従来からある立ち食いそば，すし，牛丼などの他，最近ではハンバーガー，フライドチキン，ピザパイなどがある。

5) 宅配食品

宅配ピザ，宅配弁当，宅配の宴会料理などがある。主に来客の接待などに利用してきたが，現在では一般家庭用に，メニューも消費者の様々なニーズを取り入れた多種多彩な食品で利用される。新しいサービスとして需要が増加している。

5．機能性や特性から

1) 健康食品

健康食品とよばれるものについては，法律上の定義はない。一般的には通常の食品に比べて，より積極的な健康の維持・増進などの目的をもった健康志向型食品をいう。栄養補給食品（ビタミン・ミネラル類，プロテインなど），保健補助食品（梅肉エキス，朝鮮人参，ローヤルゼリー，薬草茶など）と栄養調整食品（低カロリー食品，低脂肪食品，減塩食品など）がある。

また通常の食品とは形態が異なり，粒状・カプセル状の食品で小麦胚芽油，ビタミンC，クロレラ，プロポリスなどがある。品質については，（財）日本健康食品協会による自主規制が行われている。

2) ダイエット食品 (低カロリー食品)

一般にダイエット食品とは，低カロリー食品，ノンカロリー食品などともいう。美容食，虫歯予防，栄養補助食品など各種の効能を目的とした食品で，自然食品，無添加食品などもある。最近では，糖や脂肪のほかに食塩を減らしたり，食物繊維，カルシウム，ビタミンなどを加えた食品の総称として広く使われている。

「食品の栄養表示基準制度」により，加工食品の熱量，栄養成分についての基準値が設けられ，低カロリー食品は 40 kcal 以下／100 g，ノンカロリー食品は 5 kcal 以下／100 g である。

3）バランス栄養食品

医薬品ではないが，ビタミン，カルシウム，ミネラルなど，1日に必要な栄養素をバランスよく配合した食品をいう。ビスケットやゼリータイプなどの種類がある。不規則な食生活に対し，1日に必要な栄養素を総合的に摂取できるとしている。

4）コピー食品

本来の原料を使用せず，他の食品素材を用いて，形状，香味，物性などを本物に似せて作った食品で，模造食品，イミテーション食品ともいう。高価な食品の代替として考案された食品である。

マーガリン，魚肉ソーセージなども広義のコピー食品である。最近では，かに風味，ほたて貝風味のかまぼこ，加工からすみ，人造いくら，数の子風魚卵，代用キャビア，ししゃも類似品などの水産加工品，植物性の油脂やたんぱく質を使った乳製品風の食品，ゆで卵状に細長く成型したロングエッグ，ステーキ用成型肉など種々の製品が開発されている。高価な本物に比べて安価，低コレステロール，長期保存が可能でいつでも利用できるなどの利点がある。

5）発 熱 食 品

湯も火も使わないで温められる，発熱機能付きの容器に入った食品をいう。日本で最初に発売されたのが，お燗機能付きの缶入り清酒である。それ以来，コーヒー，しゅうまい，カレー，シチュー，弁当などにも利用されている。原理は，生石灰に水を加えると発熱することを利用したものと，金属系酸化物の酸化還元熱を利用するものがある。

6）ファイン食品

食品に特別な有用性を付加したものである。乳糖不耐症用にあらかじめ乳糖を分解処理した乳飲料，冷蔵保存中でも固まらないソフトマーガリン（ファットスプレッド），有機ヨウ素を普通の 10 倍以上含むヨード卵などがある。

〔参考文献〕
・小原哲二郎・細谷憲政監修：簡明食辞林，樹村房，1997
・桜井芳人編：総合食品事典・第6版，同文書院，1995
・井上四郎ら編著：食品学各論，樹村房，1996
・黒川守浩編：食品加工学，中央法規出版，1997
・茂木幸夫ら：食品の包装，幸書房，1999
・管理栄養士国家試験教科研究会編：食品加工学，第一出版，1995
・菅原龍幸・草間正夫編：食品加工学，建帛社，1998

■ 食品添加物使用基準（抄）

物質名	対象食品	使用量	使用制限	備考（他の主な用途名）
保存料（抄）				
安息香酸	キャビア	2.5 g/kg以下（安息香酸として）	マーガリンにあってはソルビン酸又はソルビン酸カリウムと併用する場合は安息香酸及びソルビン酸としての使用量の合計量が1.0 g/kgを超えないこと	キャビアとはチョウザメの卵を缶詰又は瓶詰にしたもので、生食を原則とし、加熱、殺菌することができない
	菓子の製造に用いる果実ペースト及び果汁（濃縮果汁を含む）	1.0 g/kg以下（〃）		
	マーガリン			
	清涼飲料水，シロップ，しょう油	0.60 g/kg以下（〃）	菓子の製造に用いる果実ペースト及び果汁に対しては安息香酸ナトリウムに限る	果実ペーストとは、果実をすり潰し、又は裏ごししてペースト状にしたものをいう
ソルビン酸	チーズ	3.0/kg以下（ソルビン酸として）	チーズにあってはプロピオン酸，プロピオン酸カルシウム又はプロピオン酸ナトリウムと併用する場合はソルビン酸としての使用量とプロピオン酸としての使用量の合計量が3.0 g/kgを超えないこと	フラワーペースト類とは小麦粉、でんぷん、ナッツ類もしくはその加工品、ココア、チョコレート、コーヒー、果肉、果汁、いも類、豆類、又は野菜類を主原料とし、これに砂糖、油脂、粉乳、卵、小麦粉等を加え、加熱殺菌してペースト状とし、パン又は菓子に充てん又は塗布して食用に供するものをいう
ソルビン酸カリウム	魚肉ねり製品（魚肉すり身を除く），鯨肉製品，食肉製品，うに	2 g/kg以下（〃）		
	いかくん製品，たこくん製品	1.5 g/kg以下（〃）		
	あん類，菓子の製造に用いる果実ペースト及び果汁（濃縮果汁を含む），かす漬，こうじ漬，塩漬，しょう油漬及びみそ漬の漬物，キャンデッドチェリー，魚介乾製品（いかくん製品及びたこくん製品を除く），ジャム，シロップ，たくあん漬，つくだ煮，煮豆，ニョッキ，フラワーペースト類，マーガリン，みそ	1.0 g/kg以下（〃）	マーガリンにあっては、安息香酸又は安息香酸ナトリウムと併用する場合は、ソルビン酸及び安息香酸としての使用量の合計量が1.0 g/kgを超えないこと 菓子の製造用果汁，濃縮果汁，果実ペーストはソルビン酸カリウムに限る	キャンデッドチェリーについては漂白剤の項参照 たくあん漬とは、生大根、又は干大根を塩漬けにした後、これを調味料、香辛料、色素などを加えたぬか又はふすまで漬けたものをいう. ただし一丁漬たくあん及び早漬たくあんを除く ニョッキとは、ゆでたじゃがいもを主原料とし、これをすりつぶして団子状にした後、再度ゆでたものをいう
	ケチャップ，酢漬の漬物，スープ（ポタージュスープを除く），たれ，つゆ，干しすもも	0.50 g/kg以下（〃）		
	甘酒（3倍以上に希釈して飲用するものに限る）はっ酵乳（乳酸菌飲料の原料に供するものに限る）	0.30 g/kg以下（〃）		
	果実酒，雑酒	0.20 g/kg以下（〃）		
	乳酸菌飲料（殺菌したものを除く）	0.050 g/kg以下（〃）		

物　質　名	対象食品	使用量	使用制限	備　考 (他の主な用途名)
デヒドロ酢酸ナトリウム	チーズ，バター，マーガリン	0.50 g/kg 以下（デヒドロ酢酸として） (ただし，乳酸菌飲料原料に供するときは，0.30 g/kg 以下（〃）)		
パラオキシ安息香酸イソブチル パラオキシ安息香酸イソプロピル	しょう油	0.25 g/L 以下（パラオキシ安息香酸として）		
パラオキシ安息香酸エチル パラオキシ安息香酸ブチル	果実ソース	0.20 g/kg 以下 （〃）		
パラオキシ安息香酸プロピル	酢	0.10 g/L 以下 （〃）		
	清涼飲料水，シロップ	0.10 g/kg 以下 （〃）		
	果実又は果菜（いずれも表皮の部分に限る）	0.012 g/kg 以下 （〃）		
プロピオン酸 プロピオン酸カルシウム プロピオン酸ナトリウム	チーズ	3.0 g/kg 以下（プロピオン酸として）	チーズにあってはソルビン酸，ソルビン酸カリウム又はこれらのいずれかを含む製剤を併用する場合は，プロピオン酸としての使用量とソルビン酸としての使用量の合計量が 3.0 g/kg 以下であること	(香料)
	パン，洋菓子	2.5 g/kg 以下 （〃）		

防かび剤

物　質　名	対象食品	使用量	使用制限	備　考 (他の主な用途名)
イマザリル	かんきつ類（みかんを除く）	0.0050 g/kg 以下（残存量）		農薬の残留基準の項参照
	バナナ	0.0020 g/kg 以下 （〃）		
オルトフェニルフェノール オルトフェニルフェノールナトリウム	かんきつ類	0.010 g/kg 以下（オルトフェニルフェノールとしての残存量）		
ジフェニル	グレープフルーツ レモン オレンジ類	0.070 g/kg 未満 （残存量）	貯蔵又は運搬の用に供する容器の中に入れる紙片に浸潤させて使用する場合に限る	
チアベンダゾール	かんきつ類	0.010 g/kg 以下 （残存量）		
	バナナ	0.0030 g/kg 以下 （〃）		
	バナナ（果肉）	0.00040 g/kg 以下 （〃）		

品質保持剤

物　質　名	対象食品	使用量	使用制限	備　考 (他の主な用途名)
プロピレングリコール	生めん いかくん製品	2.0% 以下（プロピレングリコールとして）		(チューインガム軟化剤)
	ギョウザ，シュウマイ，ワンタン及び春巻の皮	1.2% 以下（〃）		
	その他の食品	0.60% 以下		

物 質 名	対象食品	使 用 量	使 用 制 限	備　　考 (他の主な用途名)
酸化防止剤(抄)				
エチレンジアミン四酢酸カルシウムニナトリウム (EDTA・CaNa$_2$)	缶, 瓶詰清涼飲料水	0.035 g/kg 以下 (EDTA・CaNa$_2$ として)	EDTA・Na$_2$ は最終食品完成前に EDTA・CaNa$_2$ にすること	
エチレンジアミン四酢酸二ナトリウム (EDTA・Na$_2$)	その他の缶, 瓶詰	0.25 g/kg 以下 (〃)		
エリソルビン酸			⎫ ⎬ 酸化防止の目的に限る(魚肉ねり製品(魚肉すり身を除く), パンを除く) ⎭	⎫ ⎬ (品質改良剤) ⎭
エリソルビン酸ナトリウム				
グアヤク脂*¹	油脂, バター	1.0 g/kg 以下		
クエン酸イソプロピル	油脂, バター	0.10 g/kg 以下 (クエン酸モノイソプロピルとして)		
ジブチルヒドロキシトルエン (BHT)	魚介冷凍品(生食用冷凍鮮魚介類及び生食用冷凍かきを除く), 鯨冷凍品(生食用冷凍鯨肉を除く)	1.0 g/kg 以下 (浸漬液に対し: ブチルヒドロキシアニソールと併用の場合はその合計量)		
	油脂, バター, 魚介乾製品, 魚介塩蔵品, 乾燥裏ごしいも	0.20 g/kg 以下 (ブチルヒドロキシアニソールと併用の場合はその合計量)		
	チューインガム	0.75 g/kg 以下		
dl-α-トコフェロール			酸化防止の目的に限る(β-カロテン, ビタミンA, ビタミンA脂肪酸エステル及び流動パラフィンの製剤中に含まれる場合を除く)	
ノルジヒドログアヤレチック酸*¹	油脂, バター	0.10 g/kg 以下		
ブチルヒドロキシアニソール (BHA)	魚介冷凍品(生食用冷凍鮮魚介類及び生食用冷凍かきを除く), 鯨冷凍品(生食用冷凍鯨肉を除く)	1.0 g/kg 以下 (浸漬液に対し: ジブチルヒドロキシトルエンと併用の場合はその合計量)		
	油脂, バター, 魚介乾製品, 魚介塩蔵品, 乾燥裏ごしいも	0.20 g/kg 以下 (ジブチルヒドロキシトルエンと併用の場合はその合計量)		
没食子酸プロピル	油脂	0.20 g/kg 以下		
	バター	0.1 g/kg 以下		
保水乳化安定剤				
コンドロイチン硫酸ナトリウム	マヨネーズ ドレッシング	⎫ ⎬ 20 g/kg 以下 ⎭		
	魚肉ソーセージ	3.0 g/kg 以下		

物　質　名	対象食品	使　用　量	使　用　制　限	備　　　考 (他の主な用途名)
殺　菌　料 (抄)				
亜塩素酸ナトリウム	かんきつ類果皮（菓子製造に用いるものに限る），さくらんぼ，生食用野菜類及び卵類（卵殻の部分に限る），ふき，ぶどう，もも		生食用野菜類及び卵類（卵殻の部分に限る）に対する使用量は，浸漬液 1 kg につき，0.50 g 以下とすること 最終食品の完成前に分解又は除去すること	(漂白剤)
過酸化水素			最終食品の完成前に分解又は除去すること	
次亜塩素酸ナトリウム			ごまに使用してはならない	
発酵調整剤				
硝酸カリウム 硝酸ナトリウム	チーズ	原料乳につき 0.20 g/L 以下（カリウム又はナトリウム塩として）		(発色剤)
	清酒	酒母に対し 0.10 g/L 以下（同上）		
発　色　剤				
亜硝酸ナトリウム	食肉製品，鯨肉ベーコン	0.070 g/kg 以下 （亜硝酸根としての残存量）		
	魚肉ソーセージ，魚肉ハム	0.050 g/kg 以下 （〃）		
	いくら，すじこ，たらこ	0.0050 g/kg 以下（〃）		たらことはスケソウダラの卵巣を塩蔵したものをいう
硝酸カリウム 硝酸ナトリウム	食肉製品，鯨肉ベーコン	0.070 g/kg 以下 （亜硝酸根としての残存量）		(発酵調整剤)
品質改良剤				
エリソルビン酸 エリソルビン酸ナトリウム	パン，魚肉ねり製品（魚肉すり身を除く）		栄養の目的に使用してはならない	(酸化防止剤)
L-システイン塩酸塩	パン，天然果汁			(栄養強化剤)
臭素酸カリウム	パン	0.030 g/kg 以下 （小麦粉に対し臭素酸として）	最終食品の完成前に分解又は除去すること	小麦粉を原料として使用するものに限る
D-マンニトール	ふりかけ類（顆粒を含むものに限る）	顆粒部分に対して 50% 以下		ふりかけ類には茶漬を含む
	あめ類	40% 以下		(調味料)
	らくがん	30% 以下		
	チューインガム	20% 以下		
防　虫　剤				
ピペロニルブトキシド	穀類	0.024 g/kg 以下		

索引

■あ

α 米	60
アイスクリーム	100
アイスクリームミックス	100
アイソトニック飲料	177
アスパルテーム	145
厚揚げ	72
圧延	19
圧搾法	21, 165
圧縮成形食品	175
油揚げ	72
アミノカルボニル反応	25
アルコール飲料	153
泡盛	159
あん	73

■い

イージーオープン缶	39
いくら	117
異性化糖	143
イソフムロン	156
遺伝子組換え作物	8
糸引き納豆	72
5´-イノシン酸ナトリウム	134
イミテーション食品	179
インスタント食品	53

■う

ウイスキー	159
ウインタリング	167
烏龍茶	149
魚しょう油	121, 128
ウォッカ	160
淡口しょうゆ	128
ウスターソース	132
うどん	64
梅漬	76

■え

HTST 法	99
LL 食品	175
LTLT 法	99
MA 貯蔵	44
S マーク	11
エアブラスト凍結法	37
栄養調製食品	178
栄養表示基準	9
栄養補給食品	178
液化ガス凍結法	37
液くん法	43
液種法	63
液卵	110
エチレンガス吸収剤	44
遠心分離	21
塩漬	88
塩蔵	32, 116

■お

大麦	66
オートミール	66
オーバーラン	101
温くん法	42, 89

■か

γ 腺	45
加圧乾燥	31
カード食品	176
海藻	122
解凍法	51, 114
化学調味料	133
核酸系調味料	134
加工食品	2, 3
加工乳	99
加工油脂	168
菓子	161
果実飲料	81
果実缶詰	83
果実ジュース	82
果実酢	130
果実・野菜ミックスジュース	82
果汁入り飲料	82
加水分解	22
ガス充填包装食品	174
ガス貯蔵	43
粕漬	76
かつお節	114, 115
カッティング	95
カップリングシュガー	144
加糖練乳	108
加熱殺菌	37
加熱粉乳	108
かび付け	115
カフェインレス	54
下面発酵酵母	156
カレー粉	137
乾塩法	88
還元果汁	82
甘蔗	141
甘草	145
乾燥	20, 31
乾燥果実	84
乾燥肉	97
乾燥野菜	74
乾燥卵	110
缶詰	38, 55
寒天	122
かんぴょう	74
缶蓋	39
缶マーク	40
緩慢解凍	51
緩慢凍結法	37
がんもどき	72

■き

生揚げしょう油	128
期限表示	8
生酒	157
きな粉	73
キモシン	103

キャビア	118	健康食品	178	混合プレスハム	93
キャラメル	163	原材料名	7	混成酒	154
キャンデー	163	玄米	58	こんにゃく	68
キュアリング	19,88	玄米茶	149	コンビーフ缶詰	97
牛脂	167			コンプレスド食品	175
急速解凍	51	■こ			
急速凍結法	36	濃口しょう油	128	■さ	
牛乳	97	抗う蝕性糖質甘味料	144	サーマル・リサイクル	18
強化米	60	高温短時間殺菌	38,99	再仕込みしょう油	128
強調表示	9	硬化	22	最大氷結晶生成帯	36
切り干しいも	69	硬化油	168	採油	165
切り干し大根	74	好気性	29	サイレントカッター	95
吟醸酒	59,157	麹かび	157	サッカリン	146
金属缶	38	麹漬	76	殺菌料	45
		香辛料	136	雑節	116
■く		合成甘味料	145	砂糖	33,140
5'-グアニル酸ナトリウム		合成酢	131	更科そば	64
	134	合成清酒	160	サラダ油	167
空気凍結法	37	公正マーク	10	サワードウ法	63
クッキング	89	酵素処理・アミノ酸混合方式		さわし柿	85
組み立て成形食品	173		126	酸化	30
クリーム	99	酵素	24,30	酸化防止剤	45
グリシニン	70	紅茶	147,150	山菜	74
グルコノ-δ-ラクトン	71	酵母	29	酸素除去	43
グルコマンナン	68	凍り豆腐	72	酸敗	26
グルタミン酸ナトリウム		甲類焼酎	158		
	133	コーティング	12	■し	
グレーズ	37	コーヒー	151	CA貯蔵	43
黒色こんにゃく	69	コーンオイル	66	CTC機	150
くん煙	22,42,89	コーンカップ	65	JAS	6
くん製品	120	コーンスターチ	66,67	JASマーク	6
		コーンフラワー	66	JHFAマーク	10
■け		コーンフレーク	66	脂	164
景表法	9	コーンミルク	66	シート食品	176
軽量強化びん	13	呼吸作用	30	塩辛	118
ケーキ	162	穀物酢	130	紫外線	44
ケーシング	95	固形トマト	78	直捏法	62
削り節	116	ココア	152	嗜好飲料	147
結合水	26	精粉(こなこん)	68	嗜好性食品	147
結着剤	89	コニャック	159	死後硬直	87
ゲル化	22	コピー食品	179	自然乾燥	20,31
減塩しょう油	128	小麦粉	61	七分つき米	59
限外ろ過法	20	小麦たんぱく質	65	七味とうがらし	137
嫌気性	29	米みそ	125	湿塩法	88
滅菌	38	混合	19	湿麩	61

篩別（しべつ）	21	浸透圧	29	ソース	132
絞り缶	39	**す**		ソーセージ	93
遮光	45			即席カレー	139
ジャム	79	水産冷凍食品	49	即席めん	53
自由水	26	水浸	89	そば	64
充填	21	水分活性	26	ソルビトール	143
揉捻（じゅうねん）	148	スウェル	55	**た**	
酒母	157	すじこ	117		
純米酒	59, 157	酢漬	34, 76	耐塩性酵母	33
蒸散作用	30	ステビア	145	ダイエット食品	178
上新粉	60	ストレート法	62	大吟醸酒	59
醸造酒	153	ストレッチフィルム	17	大豆	70
醸造酢	129	スナック菓子	163, 177	大豆たんぱく飲料	71
焼酎	158	スパゲティ	64	大豆たんぱく質	73
賞味期限	7	スプリンガー	55	宅配食品	178
上面発酵酵母	156	スポーツ飲料	177	脱ガム	166
しょう油	126	素干し品	114	脱酸	166
しょう油漬	76	スポンジ法	63	脱酸素剤	30
蒸留	20	スリーピース缶	38	脱脂粉乳	108
蒸留酒	153	**せ**		脱臭	22, 166
ショートニング	169			脱色	22, 166
食塩	32, 33, 134	製塩法	134	脱ろう	167
食酢	129	清酒	157	立て塩法	76
食卓塩	135	生鮮食料品	7	溜しょう油	128
食肉	87	静置焙養法	129	たらこ	117
食品	1	精麦	66	たれ	134
食品衛生法	6	製パン法	62	単行複発酵酒	153
食品加工	1	製粉歩留り	61	炭酸飲料	152
食品添加物	2, 45	精米	58, 59	単発酵酒	153
植物性たんぱく	65, 73	精密ろ過法	20	**ち**	
植物たんぱく質	173	清涼飲料	152		
植物油脂	164	接触式凍結法	37	地域食品認定基準	10
食用油脂	164	切断麦	66	チーズ	103
白玉粉	60	ゼリー	79	チーズフード	103
白しょう油	128	ゼリー状食品	176	チェダリング	105
シロップ糖度	83	セロファン	12	畜産冷凍食品	49
白麦	66	洗浄	19	血絞り	88
ジン	160	煎茶	148	茶	147
真空乾燥	32	全粉乳	108	チャーニング	106
真空フライ食品	173	選別	19	中華菓子	163
人工乾燥法	31	**そ**		中華めん	64
新式醸造方式	126			中間水分食品	26
新酒	157	そう菜	56	抽出	21, 166
浸漬凍結法	37	送風凍結法	37	中濃ソース	132
人造ケーシング	95	そうめん	64	超高温殺菌	38, 99

調製豆乳		71	糖蔵		33	乳等省令	6
調製粉乳		108	豆乳		70	■ぬ	
調製マーガリン		169	豆乳飲料		71		
調味加工品		121	豆腐		71	ヌードル	64
調味食品		123	動物油脂		164	糠漬け	76
調味料		123	糖用屈折計示度		81	■ね	
調理食品		3	特殊容器マーク		11		
調理冷凍食品		49	特定 JAS 規格		6	ネックイン缶	39
チョコレート		162	特定包装		17	熱風乾燥	31
貯蔵温度		50	特定保健用食品		9	練り製品	118
チリソース		78	特定容器		17	■の	
チルド食品		34, 174	特別用途食品		9		
■つ			トマト加工品		77	濃厚還元牛乳	99
			トマト果汁飲料		78	濃厚シロップ漬	85
追熟作用		30	トマトケチャップ		77	濃厚ソース	133
通性嫌気性		29	トマトジュース		77	農産冷凍食品	49
ツーピース缶		38	トマトソース		78	濃縮	20
漬物		75	トマトピューレー		77	濃縮果汁	82, 173
つなぎ肉		92	トマトペースト		77	濃縮還元	82
■て			トマトミックスジュース		77	濃縮トマト	77
			ドレッシング		170	濃縮卵	110
DI 缶		39	ドロップ		163	ノンカロリー食品	178
低温解凍		51	豚脂		167	■は	
低温細菌		28	■な				
低温障害		34				パーシャルフリージング	36
低温保持殺菌		37, 99	内面塗装缶		13	パーボイルド米	60
低カロリー食品		178	ナイロン		15	バーミセリ	64
低酸性食品		40	中種法		63	バイオリアクター	23
低糖度ジャム		80	ナチュラルチーズ		103	胚芽精米	59
ティンフリースチール		12	納豆		72	包種茶（パオチョンチャ）	
甜菜		141	生菓子		161		150
電子レンジ食品		177	生ビール		156	バター	106
碾茶（てんちゃ）		149	なめみそ		125	発酵クリーム	100
天然調味料		133	■に			発酵茶	150
天ぷら油		167				発酵乳	101
でんぷん		67	ニア・ウォーター飲料		175	発色剤	89
■と			肉の熟成		88	発熱食品	179
			肉挽き		95	発泡スチロール	15
糖アルコール		143	二重巻き締め機		39	発泡性飲料	152
凍乾品		116	二条種大麦		66	花がつお	116
糖果		85	日本酒		157	ハム	89
凍結		21	乳飲料		99	パラチノース	144
凍結乾燥		20, 32, 54, 172	乳化		19	バランス栄養食品	179
搗精		21	乳酸菌飲料		101, 103	春雨	74
搗精歩留り		59	乳製品乳酸菌飲料		103	パン	61

番茶		149
半つき米		59
半発酵茶		149
半丸枝肉		87

ひ

非アルコール性飲料		147
ピータン		111
ビート		140
ヒートシール		12
ビーフタロー		167
ビーフン		60
ビール		155
ビール麦		66
干菓子		161
ビスケット		162
微生物		22, 25
非発泡性飲料		153
ひやむぎ		64
氷温乾燥食品		173
氷温貯蔵		36
平めん		64
びん詰		40
品質表示基準制度		7

ふ

麩		65
ファーストフード		178
ファイン食品		179
ファットスプレッド		169
フィルム食品		176
フィルム装着びん		13
風味調味料		133
複合化学調味料		134
複合フィルム		13
複発酵酒		153
節類		114
プチ食品		175
ぶどう果汁		83
不当景品類及び 不当表示防止法		9
ぶどう酒		154
ぶどう糖		143
不発酵茶		148
不飽和脂肪酸		70

ブライン凍結法		37
フラクトオリゴ糖		144
プラスチックコートびん		13
フラットサワー変敗		55
ブランチング		19
ブランデー		159
フリーズドライ食品		172
フリッパー		55
ふるさと認証食品マーク		10
プレザーブスタイル		79
プレミックス米		60
フローズンチルド食品		174
プロセスチーズ		105
粉砕		19
粉乳		108
粉末油脂		171
噴霧乾燥		20, 32, 54
分離		21

へ

pH		29
米菓		162
米飯		59
ベーコン		91
ペクチン		79
ヘスペリジン		84

ほ

ホイップクリーム		99
膨化乾燥		31
防かび剤		45
放射線		44
包装		21
包装材料		12
膨軟加工		72
飽和砂糖溶液		33
ホエーたんぱく質		173
保健補助食品		178
干しあんず		84
干し柿		84
干ししいたけ		85
干しぶどう		84
保存料		45
ホップ		156
ポテトチップス		69

ポテトフラワー		69
骨付ハム		90
ポリエチレン		13
ポリエチレンテレフタレート		15
ポリ塩化ビニリデン		15
ポリスチレン		15
ポリプロピレン		15
本醸造酒		59, 158
本醸造方式		126
本直し		131
本みりん		131

ま

マーガリン		168
マーマレード		79, 80
前処理		19
マカロニ		64
撒き塩法		76
巻締め		55
マッシュポテト		69
抹茶		149
マテリアル・リサイクル		18
豆みそ		125
マヨネーズ		111
マルチトール		144
まんじゅう		162

み

みかん缶詰		83
みじん粉		60
水煮製品		78
みそ		123
みそ漬		76
ミックス野菜		78
緑麦芽		155
ミニ JAS マーク		10
ミニ食品		175
ミリング		105
みりん		131, 160

む

無加熱ジャム		80
麦みそ		125
無菌充填包装食品		173

無洗米	59	洋菓子	162	冷蔵	34
無糖練乳	108	ようかん	161	冷凍	36
		容器包装廃棄物	15	冷凍枝豆	50
■め		容器包装リサイクル法		冷凍生地法	63
メタ重亜硫酸カリウム	154		12,15	冷凍食品	48
明太(めんたい)	116	ヨーグルト	102	冷凍野菜	78
めん類	63	予措乾燥	19	冷凍卵	110
		予冷	19	レトルト食品	41,56
■も				レトルトパウチ食品	56
模造食品	179	■ら		練乳	107
もやし	74	ラード	167	レンネット	24
モルトウイスキー	159	ライトクリーム	99		
		らくがん	162	■ろ	
■や		ラックスハム	91	ローファットミルク	99
焼麩	65	ラミネート	12	ろ過	21
焼干し品	116	ラム酒	160	ろ過除菌	46
藪そば	64			六条種大麦	66
		■り		ロングエッグ	111
■ゆ		リキュール類	160		
UHT法	99	リサイクル	15,18	■わ	
油(ゆ)	164	リサイクル法	18	ワーキング	107
有機食品	8	リターナブルびん	13	ワイン	154
融出法	165	緑茶	147	和菓子	161
油脂	164	りんごジャム	80	ワンウェイびん	13
ゆば	72				
		■れ			
■よ		冷却	21		
溶解	21	冷くん法	42,89		

〔編著者〕
黒川　守浩（くろかわ　もりひろ）　愛知女子短期大学名誉教授

〔著　者〕（執筆順）
和田　博（わだ　ひろし）　元一宮女子短期大学教授　農学博士
筒井　知己（つつい　ともみ）　東京聖栄大学教授　農学博士
細見　和子（ほそみ　かずこ）　神戸女子短期大学准教授　博士（食物栄養）
藤野　博史（ふじの　ひろふみ）　九州栄養福祉大学教授　博士（農学）
松本　憲一（まつもと　のりかず）　大妻女子大学短期大学部教授　農学博士
石井　裕子（いしい　ゆうこ）　武庫川女子大学短期大学部准教授

レクチャー　食品加工学

2000年（平成12年）4月15日　初版発行
2016年（平成28年）1月15日　第12刷発行

編著者　黒川　守浩
発行者　筑紫　恒男
発行所　株式会社　建帛社　KENPAKUSHA

112-0011　東京都文京区千石4丁目2番15号
TEL (03) 3944-2611
FAX (03) 3946-4377
http://www.kenpakusha.co.jp/

ISBN 978-4-7679-0240-1　C 3077
Ⓒ黒川守浩ほか，2000．
（定価はカバーに表示してあります）

壮光舎印刷／愛千製本所
Printed in Japan

本書の複製権・翻訳権・上映権・公衆送信権等は株式会社建帛社が保有します。
JCOPY 〈㈳出版者著作権管理機構　委託出版物〉
本書の無断複写は著作権法上での例外を除き禁じられています。複写される場合は，そのつど事前に，㈳出版者著作権管理機構（TEL03-3513-6969，FAX03-3513-6979，e-mail : info@jcopy.or.jp）の許諾を得て下さい。